# 機械・材料設計に生かす
# 実践 分子動力学シミュレーション

## 汎用コードで設計を始めるための実践的知識

泉　聡志・増田裕寿　共著

森北出版株式会社

● 本書のサポート情報を当社Webサイトに掲載する場合があります．下記のURLにアクセスし，サポートの案内をご覧ください．

https://www.morikita.co.jp/support/

● 本書の内容に関するご質問は，森北出版 出版部「(書名を明記)」係宛に書面にて，もしくは下記のe-mailアドレスまでお願いします．なお，電話でのご質問には応じかねますので，あらかじめご了承ください．

editor@morikita.co.jp

● 本書により得られた情報の使用から生じるいかなる損害についても，当社および本書の著者は責任を負わないものとします．

■ 本書に記載している製品名，商標および登録商標は，各権利者に帰属します．

■ 本書を無断で複写複製（電子化を含む）することは，著作権法上での例外を除き，禁じられています．複写される場合は，そのつど事前に（一社）出版者著作権管理機構（電話03-5244-5088, FAX03-5244-5089, e-mail:info@jcopy.or.jp）の許諾を得てください．また本書を代行業者等の第三者に依頼してスキャンやデジタル化することは，たとえ個人や家庭内での利用であっても一切認められておりません．

# まえがき

　分子動力学は 1980 年代頃から急速に研究が広がり，機械工学分野においても，破壊現象へ早くから適用が試みられてきた．当初は，計算機の進歩とともに系のサイズが広がり，塑性変形のような未知の物理現象に対して，有限要素法に置き換わるようなパワフルなツールとなることが期待されてきたが，30 年経ったいまも実現されてない．これは，原子レベルから積み上げられている現象の多様性（マルチフィジックス性）によるもので，空間・時間のマルチスケール性に起因することがわかっている．

　一方，有限要素法をはじめとする CAE（computer aided engineering）ツールは，計算機とソフトウェアの進歩を追い風に，30 年前とは比較にならないくらい普及し，いまや CAD と一体化して，設計の標準ツールとなりつつある．さらに，今後はさまざまなツールが CAE に組み込まれて，設計に貢献していくことが予想される．このような CAE の発展の流れの中で，分子動力学も連続体力学では不可能な原子レベルの現象を陽に取り扱えるという特徴・利点が再注目されており，連続体ベースの CAE と相互補完しながら，応用を広げていくことが期待されている．

　本書は，日本材料学会分子動力学部門委員会の「ノートパソコンで出来る原子レベルのシミュレーション入門講習会」での活動をもとに執筆されたものである．講習会では，実用レベルを意識して，分子動力学を実際に体験してもらうことを目的に，富士通（株）の SCIGRESS ME（旧：Materials Explorer）を用いた演習を行ってきた．そのため，本書の例題・演習問題はすべて SCIGRESS ME を用いて解答がつくられているが，ソフトに依存した特殊な機能は使用しておらず，巻末に紹介するほかのフリーソフトでも解答可能である．

　分子動力学の書籍は，これまでにも研究レベルの学術書は良書が多く出版されているが，設計分野に生かすための実践的な内容を含んだ書籍は多くはない．本書は分子動力学の理論的な側面ではなく，実際に使う際の実践的な知識に重点を置いた．したがって，本書は，汎用コードを使って初めて分子動力学計算を行う研究者/技術者/学生を対象に書かれている．

　1 章では分子動力学の理論，2 章では理論の中核である原子間ポテンシャルを概説する．3 章には，理論の理解のための 7 題の例題と，実際の問題解決に触れてもらうための 14 題の演習問題を設けている．演習問題の最後の 2 問は，実際に分子動力学を適用する際に直面する空間・時間スケールの問題に対するモデリングについて考察す

る問題となっている．

　上述したように，本書は，分子動力学を実際に使う際の実践的な知識に重点が置かれている．したがって，分子動力学の詳細な理論やプログラムの詳細を知りたい人，プログラム開発を考えている人は，「初心者のための分子動力学法：北川　浩，北村隆行，澁谷陽二，中谷彰宏」(養賢堂，1997) や，「計算力学ハンドブックⅢ　原子/分子・離散粒子のシミュレーション，日本機械学会編」(2009) などの専門書を参考にされたい．

　最後に，本書をまとめるのに資料提供と助言をいただいた，東京大学の原　祥太郎先生，電力中央研究所の熊谷知久氏に感謝する．また，本書のベースとなった講習会の場を長年提供していただいた日本材料学会分子動力学部門委員会，講習会に協力していただいた富士通(株)の SCIGRESS ME のスタッフの方々に感謝する．

2013 年 8 月

泉　聡志（著者を代表して）

#  分子動力学の知識体系

　分子動力学の応用において問題となるのは，幅広い知識が要求されることである．必要となる知識の中で，本書で扱うシミュレーションの手法は一部である．現象の理解と正しいモデリングのためには，物理化学・力学や実験手法などの知識に加え，応用分野に応じて，弾塑性論や表面科学などの知識が必要となる．

　これらの基礎知識に加え，モデリングと V&V を実践する力が必要とされる．モデリングとは，現実世界の現象を何らかの物理モデルや数値モデルを使ってモデル化し，解くことである．V&V とは Verification & Validation の略で，日本語では，それぞれ"検証"と"妥当性の確認"と訳される．検証とは，計算が**正しく**行われているかどうかのチェックであり，1 章で解説する分子動力学の基本的な手法のチェックととらえることができる．妥当性の確認とは，**正しい計算**が行われているかどうかのチェックであり，現実系（実験）との対応が取れているか，モデリングが妥当か，計算結果を実験の予測や補足に使えるかどうかのチェックである．V&V はシミュレーションの品質保証においては不可欠な概念であり，有限要素法などの CAE の分野でその意義が認められている．

　これらの知識体系をまとめたものを図 0.1 に示す．本書で提供する部分は $X$ 軸：シミュレーションの分子動力学の手法と，$V$ 軸：モデリングと V&V のための演習問題である．読者が不足している知識については，必要に応じて別途学習が必要である．

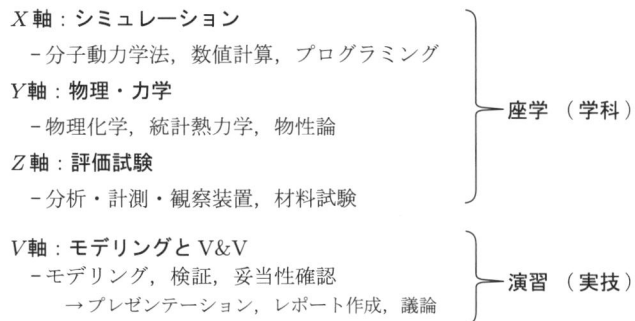

図 0.1　分子動力学の基礎的な素養に必要な知識体系

# 学習手順

　本書は大きく分けて，前半の理論編（1, 2章）と後半の実践編（3, 4章）で構成されている．理論編でとくに重要な部分は"ポイント"として記している．ポイントの理解を深めるために，3章の例題で具体例を取り上げる．理論編の2章では，原子間ポテンシャルに関しての詳細な解説を行っている．最初からすべてのポテンシャルを学習する必要はないため，実践編で必要になった段階で，立ち返って詳しく学習してもかまわない．

　後半の実践編の3章には，理論の理解のための7題の例題と，14題の実践的な演習問題を設けている．分子動力学計算を実際に行って解くことにより理解を深めてほしいが，時間のない人は，解説を読むことによっても知識が得られるよう配慮している．演習問題の最後の2問は応用編として，少し高度な問題となっている．初めて学習する際にはとばしてもかまわない．4章では，最近の分子動力学の展開について，時間スケールと空間スケールの問題を克服するいくつかの手法について紹介している．

　「分子動力学の知識体系」でも説明したが，分子動力学計算のためには，物理化学，統計熱力学，物性論などの知識がある程度必要であり，基礎的な部分（学部3年レベル）はあらかじめ学習していることが望ましい．

　分子動力学を初めて学ぶ学部生・大学院生は，本テキストの1～3章を重点的に学習してほしい．研究として取り扱う場合は，4章の学習も必要となる．

　分子動力学をこれから実務として使う企業研究者／技術者は，1章を学習した後に，3章の例題・演習問題を実際に解きながら，実践的な知識を習得してほしい．すでに分子動力学の基礎を習得している人は，3章から始めてもらってもかまわない．

① 表0.1に，実践編の例題・演習問題と理論編の「**1章 分子動力学計算の基礎**」との対応表を示す．理論と実践的知識の結び付けのために役立ててほしい．

② 表0.2のポテンシャル対応表には，実践編の例題・演習問題で使用されている原子間ポテンシャルと元素の情報をまとめた．理論編の原子間ポテンシャルの学習および，実践編のより深い理解のために役立ててほしい．

表 0.1 例題・演習問題対応表

| 節・項 | ポイント | 例題 | 演習問題 |
|---|---|---|---|
| 1.1 | 1 | 1 | |
| | 2 | 2, 3 | |
| 1.2 (3) | 3 | 4 | |
| 1.2 (4) | 4 | 7 | |
| 1.3 | 5 | 5 | |
| 1.4 (1) | 6 | 6 | |
| 1.4 (2) | 7 | 3, 6 | 3, 7, 8 |
| 1.5 (1) | | | 1, 2, 12, 13, 14 |
| 1.5 (2) | | | 3 |
| 1.5 (3) | | | 4 |
| 1.5 (4) | | | 5 |
| 1.5 (5) | | | 6 |
| 1.5 (6) | | | 7, 8 |
| 1.5 (7) | | | 9 |
| 1.5 (8) | | | 10, 11 |

表 0.2 ポテンシャル対応表

| 例題 | ポテンシャル | 節・項 | 元素 |
|---|---|---|---|
| 1 | レナードジョーンズ | 2.1 (1) | Ni |
| 2 | モース | 2.1 (2) | Ni |
| 3 | モース | 2.1 (2) | Ni |
| 4 | モース | 2.1 (2) | Ni |
| 5 | モース | 2.1 (2) | Ni |
| 6 | モース | 2.1 (2) | Ni |
| 7 | レナードジョーンズ, モース, GEAM | 2.1 (1), (2), 2.3 (3) | Ni |

| 演習問題 | ポテンシャル | 節・項 | 元素 |
|---|---|---|---|
| 1 | ターソフ | 2.2 (2) | Si |
| 2 | ターソフ | 2.2 (2) | Si |
| 3 | モース | 2.1 (2) | Ni |
| 4 | GEAM | 2.3 (3) | Ni, Ag, Au, Cu, Pd, Pt |
| 5 | ターソフ | 2.2 (2) | Si |
| 6 | GEAM | 2.3 (3) | Fe(bcc) |
| 7 | FS | 2.3 (2) | Fe(bcc) |
| 8 | FS | 2.3 (2) | Fe(bcc) |
| 9 | ジョンソン, FS | 2.1 (3), 2.3 (2) | Fe(bcc) |
| 10 | GEAM | 2.3 (3) | Cu, Ni |
| 11 | GEAM | 2.3 (3) | Cu, Ni |
| 12 | ターソフ | 2.2 (2) | C |
| 13 | GEAM | 2.3 (3) | Cu, Ni |
| 14 | EAM(RGL) | 2.3 (1) | Cu |

## ◆ 分子動力学ソフトウェア『SCIGRESS ME 特別版』について

　本書の例題・演習を実践するための基本機能を搭載した「SCIGRESS ME 特別版」をご利用いただけます．

　「SCIGRESS ME 特別版」についての詳細は，
　　　　実践分子動力学サポートページ
　　　　　　http://www.fml.t.u-tokyo.ac.jp/jissen_MD
をご覧ください．
　実践分子動力学サポートページでは，「SCIGRESS ME 2.0」を用いた例題・演習の手順書やデータも提供しています．

# 目　次

## 理論編　　　　　　　　　　　　　　　　　　　　　　　　　　1

**1章　分子動力学計算の基礎** …………………………………………… 3
　1.1　原子を並べる　　4
　1.2　原子にはたらく力を計算する　　5
　　（1）　レナードジョーンズポテンシャル　　5
　　（2）　ポテンシャルのカットオフ　　8
　　（3）　ブックキーピング法　　9
　　（4）　原子間ポテンシャルの選定　　11
　1.3　差分法で原子を動かす　　11
　1.4　物性値（温度・圧力など）を算出して系を制御する　　13
　　（1）　物性値の算出　　13
　　（2）　系の制御とアンサンブル　　18
　1.5　結果を分析する（二次解析）　　20
　　（1）　原子の座標と速度　　20
　　（2）　平衡原子間距離と線膨張係数　　21
　　（3）　比熱　　22
　　（4）　構造解析（動径分布関数）　　23
　　（5）　輸送係数　　24
　　（6）　弾性定数　　27
　　（7）　空孔形成エネルギー　　30
　　（8）　表面エネルギー・界面エネルギー　　30

**2章　原子間ポテンシャル** ……………………………………………… 33
　2.1　2体ポテンシャル　　33
　　（1）　レナードジョーンズポテンシャル　　33
　　（2）　モースポテンシャル　　34
　　（3）　ジョンソンポテンシャル　　35
　2.2　多体ポテンシャル（共有結合系）　　37

 （1）　スティリンジャー – ウェーバーポテンシャル 37
 （2）　ターソフポテンシャル 39
2.3　多体ポテンシャル（金属結合系） 44
 （1）　EAM ポテンシャル 44
 （2）　FS ポテンシャル 46
 （3）　GEAM ポテンシャル 49
2.4　イオンポテンシャル 51
2.5　分子内・分子間ポテンシャル 54
2.6　最近の原子間ポテンシャルの動向 55
2.7　原子間ポテンシャルの選定方法 56
 （1）　原子間ポテンシャルの選択 56
 （2）　原子間ポテンシャルの再現性調査 57
2.8　原子間ポテンシャルの作成方法 57

## 実践編　　61

### 3章　分子動力学の実践モデリング 63

3.1　分子動力学シミュレーションの実際の手順 63
3.2　例題 68
 【例題 1】　セルサイズの設定 69
 【例題 2】　適正な初期状態の設定 70
 【例題 3】　初期緩和計算 73
 【例題 4】　ブックキーピング法の設定 75
 【例題 5】　差分法の時間刻みの設定 76
 【例題 6】　アンサンブルによる物性値のゆらぎの違い 78
 【例題 7】　原子間ポテンシャルの設定 80
3.3　基礎問題 82
 【演習問題 1】　融点の求め方 82
 【演習問題 2】　固相成長 92
 【演習問題 3】　線膨張係数の算出 96
 【演習問題 4】　比熱の算出と材料依存性 98
 【演習問題 5】　アモルファス構造の動径分布関数 99
 【演習問題 6】　拡散係数の求め方 102
 【演習問題 7】　弾性定数の求め方（ひずみ制御） 108
 【演習問題 8】　弾性定数の求め方（応力制御） 109

【演習問題 9】　空孔形成エネルギーの算出　　111
　　【演習問題 10】　表面エネルギー　　112
　　【演習問題 11】　界面エネルギー　　114
　　【演習問題 12】　カーボンナノチューブの座屈変形　　115
　3.4　応用問題（分子動力学のモデリングとシミュレーション）　　118
　　【演習問題 13】　結晶成長の初期過程　　119
　　【演習問題 14】　ナノピラーの塑性変形　　122

# 4章　マルチスケール解析への展開　127
　4.1　空間スケールの克服（有限要素法 - 分子動力学結合シミュレーション）　　127
　　（1）　弾性変形における連続体力学と分子動力学の違い　　127
　　（2）　有限要素法 - 分子動力学結合シミュレーション　　129
　4.2　時間スケールの克服（反応経路解析，加速分子動力学法）　　132
　　（1）　反応経路解析　　133
　　（2）　加速分子動力学法　　136

参考図書　　139
分子動力学のフリーソフトの紹介　　140
索　　引　　141

# 理論編

　理論編は，分子動力学計算の基礎（1章）と原子間ポテンシャル（2章）から構成されている．1章では，分子動力学で標準的に用いられている手法について簡単に述べる．とくに重要な部分は"ポイント"として示し，理解を深めるため，実践編には対応する例題を設けている．2章では，分子動力学においてとくに重要な原子間ポテンシャルの理論的背景について解説している．「学習手順」のところに，例題や演習問題で用いているポテンシャルの対応表があるので，理解を深めるために活用してほしい．

# 1章 分子動力学計算の基礎

分子動力学（molecular dynamics: MD）とは，ニュートンの運動方程式を個々の粒子に適用し，粒子の座標の時刻歴を計算して，統計熱力学にもとづいて系の物性を算出・制御する手法である．基本的に古典力学にもとづいているため，原子間の相互作用の計算においては電子に関する量子力学は含まれない．しかし，実際の原子の結合は電子にもとづいているため，電子状態の考慮は不可欠である．分子動力学は，この結合に関する力学を原子間ポテンシャル関数を仮定することによってモデル化している．

原子間ポテンシャル関数は，基本的に原子集合体の幾何学的構造のみによって決定される．もっとも単純な2体ポテンシャル関数は，原子間の距離だけの関数となっている．複雑な多体ポテンシャルでは，結合角や2面角などの複数の原子が関わる幾何学的パラメータが追加される．原子間ポテンシャルの詳細は 1.2 節，2 章で述べる．

分子動力学は，得られた原子の動きから，統計熱力学をベースにさまざまな分析（二次解析）を行い，実現象のメカニズムの解明や予測を行うことが可能である．

分子動力学の計算のフローを図 1.1 に示す．本フローチャートに従って，個々の計算プロセス①〜⑤について説明する．

本書は，汎用コードを使うユーザを前提としている．理論の詳細やプログラム開発の知識については，参考図書 [1][2] にまとめられているので参照してほしい．

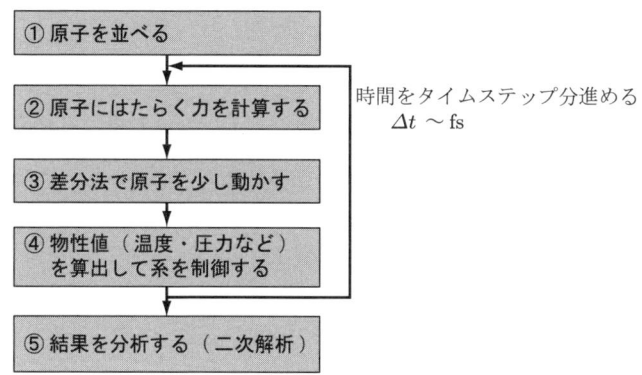

図 1.1 分子動力学計算のフロー

## 1.1　原子を並べる

計算のためには，まず原子構造（結晶なら面心立方格子（fcc），体心立方格子（bcc）など）の初期配置をつくる必要がある．同時に，初期速度も与える必要がある．

単純に原子を並べただけでは，系は活性な表面をもつクラスター（原子集合体）となる．表面では原子の再配列などの複雑な現象が起こる可能性があるため，表面に興味がない場合は，通常は周期境界条件などのような表面をつくらない境界条件を用いる．周期境界条件とは，図 1.2(a) のように，設定した分子動力学のセル（MD セルとよぶ）と同じものが周囲に周期的に並んでいると設定する境界条件であり，バルク[*1]の計算では一般的に用いられる．ただし，周期境界条件は人為的な周期的配列のため，その影響に配慮する必要がある．もっともよく起こる問題として，セルサイズが小さい場合，周期境界条件により同じ原子から重複して力を受けてしまい，系の挙動が不自然かつ不安定になることが挙げられる．図 1.2(b) に実例を示す．原子間ポテンシャル関数には必ずカットオフ距離 $r_c$ が設定され，ある原子のまわりにはポテンシャルが及ぶ範囲が設定される．図 1.2(b) のようにセルサイズ $L_x$, $L_y$ が $r_c$ に比べて小さいと，破線の矢印で示すように，ほかの原子の複数のコピーから同時に力を受けてしまう．これを避けるためには，一つの原子からは一つの力しか受けないようにセルサイズを大きく設定する必要がある．具体的には，カットオフ距離 $r_c$ とセルサイズ $L_x$, $L_y$ の間に，以下の式 (1.1) の関係式が成り立つようにセルサイズを大きく設定する．

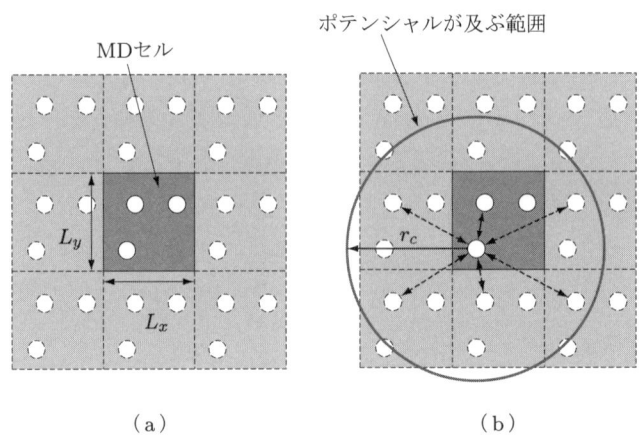

**図 1.2** 周期境界条件の設定 (a) と，MD セルのサイズが小さい場合に同じ原子から重複して力を受ける例 (b)

---

[*1] ここでは，表面を含まない物質内部のことを指す．

実際の計算例を【例題1 セルサイズの設定】で扱う．

$$r_c < \frac{L_x}{2}, \quad r_c < \frac{L_y}{2} \tag{1.1}$$

> **ポイント1　セルサイズの条件**
>
> MDセルのサイズは，境界条件の影響を受けないように大きく設定する．ポテンシャルのカットオフ距離の2倍は最低限必要．
> ☞【例題1 セルサイズの設定】（p.69）

　初期状態の作成の際にとくに注意すべきことは，可能なかぎり平衡状態に近くなるように初期状態を設定することである．たとえば，原子間距離が平衡原子間距離に近い値になるように原子を並べ，原子の初期速度は，ボルツマン分布[*2]に従った乱数で与える．初期速度として，いきなり大きな速度（温度）を与えることは好ましくない．高温のシミュレーションを行う場合でも，最初は低い温度で始め，徐々に温度を上げていく．また，初期速度や初期配置が原因で系全体が並進運動や回転運動を起こさないように，重心位置や速度を調整することも必要である．

　このように注意深く初期状態の設定を行っても，初期状態はあくまでも人為的な設定であるため，自然な状態になるためにはある程度の緩和時間が必要であり，分子動力学では，十分に緩和した系を用意してからデータを取る必要がある．実際の計算例を【例題2 適正な初期状態の設定】，【例題3 初期緩和計算】で取り扱う．

> **ポイント2　初期状態の設定**
>
> 分子動力学の初期状態には平衡状態に近い状態を設定し，その後，十分な緩和計算を行ってから物性値の算出などを行う．
> ☞【例題2 適正な初期状態の設定】（p.70）
> 　【例題3 初期緩和計算】（p.73）

## 1.2　原子にはたらく力を計算する

### (1) レナードジョーンズポテンシャル

　原子にはたらく力は，原子間ポテンシャル関数により計算される．一般に，分子動

---

[*2] 平衡状態においては，原子の速度はボルツマン分布に従うことが統計熱力学からわかっている．速やかに平衡状態に到達するためにボルツマン分布を使う．

力学の計算時間の9割以上がこの力の計算である．

原子間ポテンシャルはさまざまな種類が考案されているが，ここでは，基本的な2体ポテンシャルであるレナードジョーンズポテンシャルについて解説する．

レナードジョーンズポテンシャルは，二つの原子の原子間距離$r$の関数として，式(1.2)のように定義される．

$$\varphi(r) = 4\varepsilon \left\{ \underbrace{\left(\frac{\sigma}{r}\right)^{12}}_{\text{斥力}} - \underbrace{\left(\frac{\sigma}{r}\right)^{6}}_{\text{引力}} \right\} \tag{1.2}$$

ここで，$\varepsilon$と$\sigma$は材料によって異なるポテンシャルパラメータである．

図1.3は式(1.2)をグラフ化したものである．$(\sigma/r)^{12}$の項は斥力項（エネルギーがプラス）であり，$(\sigma/r)^{6}$の項は引力項（エネルギーがマイナス）である．$\sigma$は平衡原子間距離に関係するポテンシャルパラメータで，式(1.2)は$r = r_0 = 2^{1/6}\sigma$で極小値をとる．$\varphi(r_0) = -\varepsilon$はポテンシャルの谷の深さ（結合エネルギー）を表す．

各原子にはたらく力はポテンシャルの空間微分（図1.3の曲線の傾き）で求められ，式(1.3)で与えられる．

$$f(r) = -\frac{\mathrm{d}\varphi(r)}{\mathrm{d}r} = 4\varepsilon \left\{ \frac{12}{\sigma}\left(\frac{\sigma}{r}\right)^{13} - \frac{6}{\sigma}\left(\frac{\sigma}{r}\right)^{7} \right\} \tag{1.3}$$

図1.3のような二つの原子間の相互作用を考える場合，原子間距離が$r_0$以上になると原子間には引力がはたらき，$r_0$以下だと斥力がはたらく．結果として，2原子は原

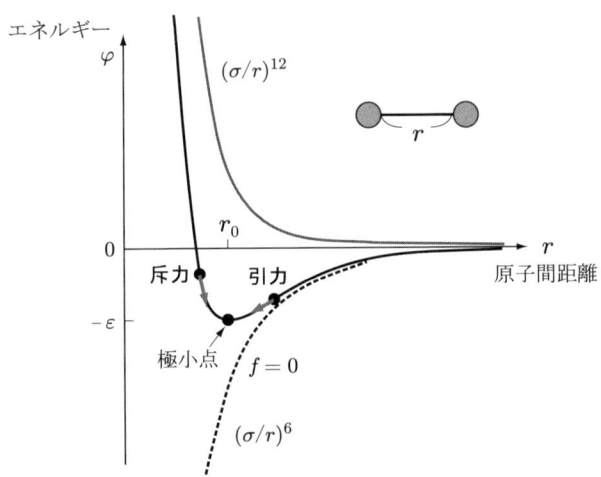

図1.3 レナードジョーンズポテンシャル

子間距離 $r_0$ を中心に振動することになる.

原子が3個以上になった場合を考える. 図1.4のように原子1〜3があるとき, 系の全ポテンシャルエネルギーは, すべての原子間距離のエネルギーの和, すなわち式(1.4)のように与えられる.

$$E_{\text{tot}} = \varphi\left(r^{12}\right) + \varphi\left(r^{13}\right) + \varphi\left(r^{23}\right) \tag{1.4}$$

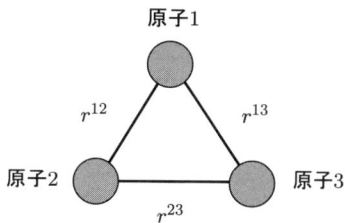

図 1.4　3原子系

各原子には, それぞれのポテンシャルエネルギーに応じて原子間力が作用する. 以下に具体的な計算について述べる.

原子が $N$ 個の場合, 式(1.4)の全ポテンシャルエネルギーの定義は, 式(1.5)のように書くことができる. $\sum_{\alpha<\beta}$ は $\alpha<\beta$ となるすべての $\alpha$ と $\beta$ の組合せに関する和を意味する. 式(1.5)の係数 1/2 は, 同じ結合を $r^{12}$ と $r^{21}$ で2回数えていることによる.

$$E_{\text{tot}} = \frac{1}{2}\sum_{\alpha=1}^{N}\sum_{\beta=1(\neq\alpha)}^{N} \varphi\left(r^{\alpha\beta}\right) = \sum_{\alpha<\beta}\varphi(r^{\alpha\beta}) \tag{1.5}$$

原子 $\alpha$ にはたらく原子間力の $i$ 方向成分 $f_i^\alpha$ は, 式(1.6)のようにポテンシャルエネルギーの空間勾配で与えられる. ここで, $\left(r^{\alpha\beta}\right)_i = x_i^\beta - x_i^\alpha$ である[*3].

$$f_i^\alpha = -\frac{\partial E_{\text{tot}}}{\partial x_i^\alpha} = -\sum_{\beta=1(\neq\alpha)}^{N}\frac{\partial \varphi\left(r^{\alpha\beta}\right)}{\partial r^{\alpha\beta}}\frac{\partial r^{\alpha\beta}}{\partial x_i^\alpha} = \sum_{\beta=1(\neq\alpha)}^{N}\frac{\partial \varphi\left(r^{\alpha\beta}\right)}{\partial r^{\alpha\beta}}\frac{\left(r^{\alpha\beta}\right)_i}{r^{\alpha\beta}} \tag{1.6}$$

式(1.6)はヘルマン–ファインマン則とよばれる. 図1.4の3原子系の場合, 式(1.4)を式(1.6)に代入すると, たとえば, 原子1にはたらく力は式(1.7)のように求めら

---

[*3] $x_1 = x, x_2 = y, x_3 = z$.

れる．

$$f_i^1 = -\frac{\partial E_\text{tot}}{\partial x_i^1} = \frac{\partial \varphi\left(r^{12}\right)}{\partial r^{12}}\frac{\left(r^{12}\right)_i}{r^{12}} + \frac{\partial \varphi\left(r^{13}\right)}{\partial r^{13}}\frac{\left(r^{13}\right)_i}{r^{13}} \tag{1.7}$$

さらに，多数の原子を含む場合，すべての原子の組合せに対して，式 (1.5) のポテンシャルエネルギーを計算することになる．1.1 節で説明したように，fcc 構造などの結晶構造に原子を並べ，周期境界条件を適用した際に求められる原子 1 個当たりのポテンシャルエネルギーのことを凝集エネルギーとよぶ（温度は 0 K とし，原子の運動は考えない）．凝集エネルギーとは，固体など凝集状態にある原子をたがいに引き離してバラバラにするために必要なエネルギーである．分子動力学では，孤立状態にある原子のポテンシャルエネルギーはゼロであるため，凝集状態のポテンシャルエネルギーがそのまま凝集エネルギーとなる．

## (2) ポテンシャルのカットオフ

レナードジョーンズポテンシャルは，大きな距離に対してもポテンシャルの値が有限であるため，通常は，ある程度離れた原子からの力は受けないようにカットオフすることが行われる．カットオフ距離はポテンシャルパラメータとして与えられていることが多いが，カットオフ距離が与えられていない場合は，自分で設定する必要がある．

カットオフは，計算結果に影響が出ないように十分に遠くで滑らかに切り捨てる必要がある．単純に切り捨てると，カットオフ距離 $r_c$ においてエネルギーの不連続が生じてしまうため，エネルギー値がカットオフ距離でゼロなるように関数をシフトする必要がある．これをシフトポテンシャル（式 (1.8)）とよぶ．

$$\varphi_s = \begin{cases} \varphi(r) - \varphi(r_c) & (r \leq r_c) \\ 0 & (r > r_c) \end{cases} \tag{1.8}$$

しかし，単にシフトするだけでは，エネルギー値は連続であっても，エネルギーの微分値（力）が連続ではなくなる．そのため，エネルギーの微分値がカットオフ距離でゼロになるシフトフォースポテンシャル（式 (1.9)）がよく用いられている．

$$\varphi_{sf} = \begin{cases} \varphi(r) - \varphi(r_c) - \dfrac{\mathrm{d}\varphi(r_c)}{\mathrm{d}r}(r - r_c) & (r \leq r_c) \\ 0 & (r > r_c) \end{cases} \tag{1.9}$$

また，ポテンシャル関数に式 (1.10) のようなカットオフ関数をかけることによって，滑らかに切り捨てる方法もよく用いられる．

$$\varphi_{\text{cut}} = f_{\text{cut}}(r)\varphi$$

$$f_{\text{cut}}(r) = \begin{cases} 1 & (r \leq R_1) \\ \dfrac{1}{2}\left[1 + \cos\left\{\dfrac{\pi(r-R_1)}{R_2-R_1}\right\}\right] & (R_1 < r \leq R_2) \\ 0 & (r > R_2) \end{cases} \quad (1.10)$$

ここで，$R_1, R_2$ は切り捨てが始まる距離と，終わる距離を表す．このようなカットオフ関数は，ターソフポテンシャル（2.2（2）項）などに組み込まれている．

## (3) ブックキーピング法

ポテンシャルのカットオフに関連して，分子動力学計算において必ず行われる，計算の高速化手法であるブックキーピング法について述べる．「1.2 (2) ポテンシャルのカットオフ」でも述べたとおり，分子動力学では，ポテンシャルのカットオフ距離 $r_c$ 内の相互作用の計算のみを行う．このため，どの原子がカットオフ距離内にあるかの台帳（ブック）が計算ステップごとに必要となる．しかし，この台帳を毎ステップ更新するのは，明らかに計算の無駄である．なぜなら，1 ステップの計算では台帳はほとんど変化しないからである．そこで図 1.5 のように，カットオフ距離 $r_c$ より少し大きい範囲内 ($r_c + \mathrm{d}r$) に存在する原子の番号を台帳に記憶しておき，台帳の外の原子が $r_c$ 内に入ってくる可能性がない間は台帳の更新を行わないことにより，計算量を大幅に削減できる．このような手法のことをブックキーピング法とよぶ．また，$\mathrm{d}r$ をブックキーピングの球殻の厚さとよぶ．

台帳の更新間隔（頻度）の考え方はさまざまである．一定の時間刻みの間隔で更新してもかまわないが，図 1.5 に示したように，$r_c + \mathrm{d}r$ の外の原子がカットオフ内に

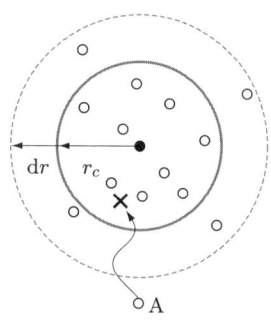

図 1.5 ブックキーピング法．$r_c$ がカットオフ距離．それより少し大きな範囲 ($r_c + \mathrm{d}r$) の台帳を用意し，外の領域原子 A が台帳の更新ステップの前に $r_c$ 内に入らないように，更新間隔 $N_{\text{book}}$ を設定する．

入ってくる可能性を排除できない．したがって，効率的な手法として，たとえば，原子の移動距離を計算しておき，移動距離が $dr$ の半分以上である原子が一つでもあった時点で台帳を更新するなどの手法がとられる．

$dr$ と台帳の更新間隔 $N_{\text{book}}$ はトレードオフの関係にある．すなわち，$dr$ を大きくとれば原子間距離の計算は増えるが，$N_{\text{book}}$ を大きくとれる．逆に，$dr$ が小さいと原子間距離の計算量は少ないが，$N_{\text{book}}$ を小さくとらないといけない．適当な $dr$ と $N_{\text{book}}$ の設定は計算する系によって異なるため，試行錯誤的に行われる．ただし一般に，固体であまり原子が動かない場合は $dr$ を小さくとることができるが，高温の固体や液体などのように原子が大きく動く場合は，$dr$ を大きくとる必要がある．実際の計算例を【例題 4 ブックキーピング法の設定】で取り扱う．

また，系が大きくなり，含まれる原子の数が数万個以上になる場合，すべての原子の組合せについて距離の計算を行ってしまうと，台帳を更新するのに計算時間がかかる．その場合，台帳の更新（作成）の計算時間を軽減するために，リンクセル法が用いられる．

リンクセル法では，図 1.6 のように，MD セルを $r_c + dr$ より大きな領域でセル状に分割しておく．あるセル内に含まれる原子は，同じセル内（斜線部）もしくは隣接するセル内（灰色）の原子のみから相互作用を受ける可能性があるため，隣接するセル内の原子のみの原子間距離を求めることにより，計算時間を削減することができる．隣接するセル数は，図 1.6 のような二次元セルの場合は $3 \times 3 - 1 = 8$ 個，三次元セルの場合は $3 \times 3 \times 3 - 1 = 26$ 個となる．

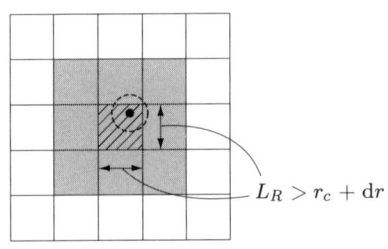

図 1.6 リンクセル法．斜線部の原子の台帳は，隣接する灰色のセルに属する原子のみが候補となる．

---

**ポイント 3　ブックキーピング法の設定**

ブックキーピング法は分子動力学の高速化に欠かせない手法である．しかし，台帳の更新間隔，台帳の範囲などを適正に設定する必要がある．

☞【例題 4 ブックキーピング法の設定】（p.75）

### (4) 原子間ポテンシャルの選定

レナードジョーンズポテンシャルは単純でわかりやすいが，さまざまな問題点があり，現実の物質の再現には課題が残る．そのため，1980 年頃からさまざまな原子間ポテンシャルが提案されてきた．しかし現在に至るまで，すべての物質をカバーするようなユニバーサルなポテンシャルは実現できておらず，ユーザは対象とする現象を再現するポテンシャルを選定して使う必要がある．このポテンシャルの選定は，分子動力学のモデリングの中でもっとも重要なプロセスの一つであり，細心の注意を払う必要がある．詳細については 2 章で別途説明する．

> **ポイント 4　原子間ポテンシャルの選定**
> 原子間ポテンシャルの選定には細心の注意を．対象とする現象を再現しているかをチェックする．
> ☞【例題 7　原子間ポテンシャルの設定】(p.80)
> 　「2.7 原子間ポテンシャルの選定方法」

## 1.3　差分法で原子を動かす

原子に作用する力から，原子の運動を求める．差分法とは，図 1.7 のように，連続的な原子の動きを細かい時間刻み $\Delta t$ に刻んで数値的に計算する手法である．単純に考えると，ある原子のステップ（MD ステップとよぶ）$N+1$ の原子位置の $i$ 方向成分 $x_i^{N+1}$ と原子速度の $i$ 方向成分 $v_i^{N+1}$ は，ステップ $N$ の原子位置 $x_i^N$，速度 $v_i^N$，加速度 $a_i^N$ を用いて，式 (1.11) のように計算できる．

$$
\begin{aligned}
x_i^{N+1} &= x_i^N + v_i^N \Delta t + \frac{1}{2} a_i^N \Delta t^2 \\
v_i^{N+1} &= v_i^N + a_i^N \Delta t
\end{aligned}
\tag{1.11}
$$

ここで，$a_i^N = f_i^N/m$（$m$ は原子質量）である．しかし，このように現在の時刻の状態（ステップ $N$：式 (1.11) の右辺）から $\Delta t$ 後の状態（ステップ $N+1$：式 (1.11) の

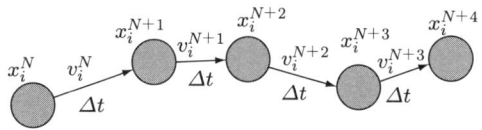

図 1.7　差分法による原子位置の更新

左辺）を決める方法には問題が多い．なぜなら，$\Delta t$ の間の原子の位置や速度，加速度の変化の情報が結果に反映されていないため，精度を保証するためには，$\Delta t$ を十分に小さくとる必要があり，計算法は単純であっても計算負荷がかえって高くなる場合もあるからである．

分子動力学では，計算精度を高めるためにさまざまな差分法が提案されている．まず，精度が比較的高く計算負荷が低いことからよく用いられている，速度ベルレー法を紹介する．

速度ベルレー法の計算は以下の四つの手順からなる．

**手順1：座標の更新**　　$x_i^{N+1} = x_i^N + v_i^N \Delta t + \dfrac{1}{2} \dfrac{f_i^N}{m} \Delta t^2$

**手順2：部分速度の更新**　　$v_i^{N+0.5} = v_i^N + \dfrac{1}{2} \dfrac{f_i^N}{m} \Delta t$

**手順3：**$x_i^{N+1}$ **を用いて，ポテンシャル関数より** $f_i^{N+1}$ **を求める**

**手順4：速度の更新**　　$v_i^{N+1} = v_i^{N+0.5} + \dfrac{1}{2} \dfrac{f_i^{N+1}}{m} \Delta t$

手順2，4のように，ステップ $N$ と $N+1$ の中間の状態 $v_i^{N+0.5}$ を計算することにより精度を向上させている．

一方，速度ベルレー法と同様によく用いられているギア法では，精度を上げるために，加速度より高次の時間微分量などを用いて，次のステップの状態を決める．しかし，実際は加速度以上の高次の微分量の扱いは容易でないため，過去の時刻，$t-\Delta t$, $t-2\Delta t$, $\cdots$ の加速度を用いる手法が一般的である．またギア法は，ギアの予測子－修正子法ともよばれ，次のステップの予測値をもとに，運動方程式より修正量を計算し，次のステップの修正値を定めている．

ギア法は計算負荷は高いが，時間刻みが小さい場合は，ベルレー法より精度が高いことがわかっている．

いずれの差分法を選ぶにしても，計算精度を決めるのは時間刻み $\Delta t$ の設定である．$\Delta t$ が小さいと精度は高いが，計算時間がかかる[*4]．一方，$\Delta t$ が大きいと精度は低下するが，計算時間は少なくなる．しかし，あまりにも $\Delta t$ が大きすぎると，計算が発散することがあるので注意が必要である．実際の計算例を【例題5 差分法の時間刻みの設定】で取り扱う．

時間刻みの設定の方針は計算の目的によって変わる．一般に，原子の振動周期の

---

[*4] 固体系のシミュレーションでは $\Delta t = 0.5 \sim 5\,\mathrm{fs}$ 程度が一般的（$1\,\mathrm{fs} = 10^{-15}\,\mathrm{s}$）．

1/1000〜1/200 あたりを目安に設定される．したがって，水素などの軽い原子を扱う場合は，時間刻みを小さく（$\Delta t \sim 0.1\,\mathrm{fs}$）とる必要がある．水素が少量含まれる場合は，水素原子のみの時間刻みを小さくするマルチタイムステップ法により計算時間の削減が行われる．

### ポイント5　差分法の時間刻みの設定

差分法の時間刻み $\Delta t$ は，精度を確保しつつ計算時間を短くするように適正に設定する必要がある．

☞【例題5　差分法の時間刻みの設定】（p.76）

## 1.4　物性値（温度・圧力など）を算出して系を制御する

### (1) 物性値の算出

代表的な物性値の算出法をいくつか示す．

#### (a) 温度 $T$

MDセルに含まれるすべての原子の運動エネルギーの時間平均によって，温度 $T$ は式 (1.12) のように求められる．ここで，$N$ は原子数，$k_B$ はボルツマン定数，$\langle \cdots \rangle$ は時間平均をとることを示す．

$$\frac{3}{2}Nk_BT = \left\langle \frac{1}{2}\sum_{\alpha=1}^{N} m^\alpha (\boldsymbol{v}^\alpha)^2 \right\rangle \tag{1.12}$$

マクロな統計物理量である温度を求めるためには，系全体の長時間の平均を求める必要がある．また，系のサイズが小さいとゆらぎも大きくなるため，系のサイズは大きく設定するほうが望ましい．実際の計算例を【例題6　アンサンブルによる物性値のゆらぎの違い】で取り扱う．

原子1個の原子温度 $T^\alpha$ を定義し（式 (1.13)），温度分布などを論じることも行われている．原子温度はゆらぎが非常に大きいため，定量値を求めるためには十分な時間平均が必要である．

$$\frac{3}{2}k_BT^\alpha = \left\langle \frac{1}{2}m^\alpha (\boldsymbol{v}^\alpha)^2 \right\rangle \tag{1.13}$$

> **ポイント6　物性値のゆらぎの取扱い**
>
> 分子動力学の物性値はゆらぎが大きいため，算出には十分な時間・空間平均が必要．とくに応力はゆらぎが大きい（p.17 参照）．
>
> ☞【例題6 アンサンブルによる物性値のゆらぎの違い】（p.78）

### (b) 全エネルギー（内部エネルギー）$E$

運動エネルギー $K$ とポテンシャルエネルギー $\Phi$ の総和によって，系の全エネルギー $E$ は式 (1.14) のように求められる．

$$E = \langle K + \Phi \rangle = \left\langle \underbrace{\frac{1}{2}\sum_{\alpha=1}^{N} m^{\alpha}(\boldsymbol{v}^{\alpha})^2}_{K:\text{運動エネルギー}} + \underbrace{\sum_{\alpha<\beta} \varphi\left(r^{\alpha\beta}\right)}_{\Phi:\text{ポテンシャルエネルギー}} \right\rangle \quad (1.14)$$

系に何の制御も課さない場合，系はミクロカノニカルアンサンブル（NEV アンサンブル）となり，全エネルギー $E$ は保存される．全エネルギーの保存は，プログラムが適切に動いているかのチェックによく使われる．アンサンブルに関しては，1.4 (2) 項で説明する．

### (c) 体積

周期境界条件を適用した場合，系の体積が定義できる．図 1.2 では周期構造を正方形のセル構造で考えたが，周期構造は平行四辺形（3 次元では図 1.8 のような平行6面体）にも設定できる．このようなセル構造を斜方セルとよぶ．三つの MD セルの辺のベクトルを $\boldsymbol{a} = (h_{11}, h_{12}, h_{13})$, $\boldsymbol{b} = (h_{12}, h_{22}, h_{23})$, $\boldsymbol{c} = (h_{13}, h_{23}, h_{33})$ とすると，MD セルの形状マトリックス $h_{ij}$ を式 (1.15) のように定義できる．

$$h_{ij} = (\boldsymbol{a}, \boldsymbol{b}, \boldsymbol{c}) = \begin{pmatrix} h_{11} & h_{12} & h_{13} \\ h_{12} & h_{22} & h_{23} \\ h_{13} & h_{23} & h_{33} \end{pmatrix} \quad (1.15)$$

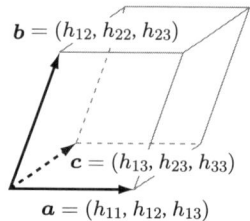

図 1.8　分子動力学のセル構造

体積は，この形状マトリックスの行列式として，式 (1.16) のように求められる．

$$V = \det(h_{ij}) \tag{1.16}$$

MD セルが図 1.9(a)（(d) ひずみ 参照）のような直方体の場合は，形状マトリックスは式 (1.17) となり，体積は単なる辺の長さのかけ算（$V = h_{11}^0 h_{22}^0 h_{33}^0$）となる．

$$h_{ij}^0 = \begin{pmatrix} h_{11}^0 & 0 & 0 \\ 0 & h_{22}^0 & 0 \\ 0 & 0 & h_{33}^0 \end{pmatrix} \tag{1.17}$$

**(d) ひずみ**

分子動力学では，式 (1.15) で定義した MD セルの形状マトリックスを変化させることによって，系にひずみ（変形）を加えることができる．その方法とひずみの定義について説明する．

まず，変形前の原子座標 $x_i^0$ を変形前の形状マトリックス $h_{ij}^0$ によって，式 (1.18) のように規格化しておく．ここで，$\rho_i^0$ は MD セルの形状で規格化された原子の座標である．

$$\boldsymbol{x}^0 = \begin{Bmatrix} x_1^0 \\ x_2^0 \\ x_3^0 \end{Bmatrix} = \begin{pmatrix} h_{11}^0 & 0 & 0 \\ 0 & h_{22}^0 & 0 \\ 0 & 0 & h_{33}^0 \end{pmatrix} \begin{Bmatrix} \rho_1^0 \\ \rho_2^0 \\ \rho_3^0 \end{Bmatrix} = \boldsymbol{h}^0 \boldsymbol{\rho}^0$$
$$(0 < \rho_1^0,\ \rho_2^0,\ \rho_3^0 < 1) \tag{1.18}$$

系に変形を加える場合は，$\rho_i^0$ は変化させずに，図 1.9 のように，$h_{ij}^0$ を $h_{ij}$ に変化させる．これにより，変形後の原子座標は式 (1.19) のように変化する．

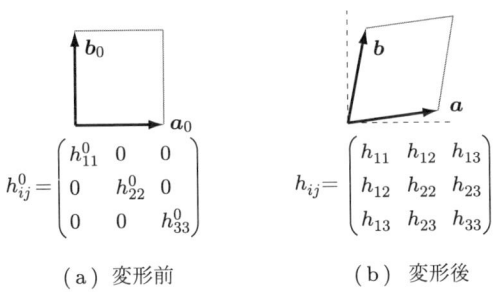

（a）変形前　　　　（b）変形後

図 1.9　形状マトリックスを使った系の変形

$$\boldsymbol{x} = \left\{ \begin{array}{c} x_1 \\ x_2 \\ x_3 \end{array} \right\} = \left( \begin{array}{ccc} h_{11} & h_{12} & h_{13} \\ h_{12} & h_{22} & h_{23} \\ h_{13} & h_{23} & h_{33} \end{array} \right) \left\{ \begin{array}{c} \rho_1^0 \\ \rho_2^0 \\ \rho_3^0 \end{array} \right\} = \boldsymbol{h} \boldsymbol{\rho}^0 \quad (1.19)$$

変形により，原子座標 $\boldsymbol{x}^0$ から $\boldsymbol{x}$ へ変化する．$\boldsymbol{x}^0$ と $\boldsymbol{x}$ の関係は，弾性論で定義される変形勾配テンソル $\boldsymbol{F}$ により，式 (1.20) で表すことができる．

$$\boldsymbol{x} = \boldsymbol{F} \boldsymbol{x}^0 \quad (1.20)$$

式 (1.20) に式 (1.18) と式 (1.19) を代入することによって，式 (1.21) が得られる．

$$\boldsymbol{F} = \boldsymbol{h} \left( \boldsymbol{h}^0 \right)^{-1} \quad (1.21)$$

弾性論によって，グリーン–ラグランジュひずみ[*5]は，式 (1.22) のように定義される．

$$\boldsymbol{\varepsilon} = \frac{1}{2} \left( \boldsymbol{F}^T \boldsymbol{F} - \boldsymbol{I} \right) \quad (1.22)$$

ただし，$\boldsymbol{I}$ は単位マトリックスである．式 (1.22) に式 (1.21) を代入すれば，ひずみテンソルが求められる．ここで，$h_{11}^0 = h_{22}^0 = h_{33}^0 = L$, $h_{11} = h_{22} = h_{33} = L + \Delta L$, $h_{12} = h_{13} = h_{23} = \Delta u$ で，$\Delta L, \Delta u$ が $L$ に比べて十分小さい場合，高次の項を無視すれば，ひずみは式 (1.23) のようになる．

$$\varepsilon_{ij} = \left( \begin{array}{ccc} \Delta L/L & \Delta u/L & \Delta u/L \\ \Delta u/L & \Delta L/L & \Delta u/L \\ \Delta u/L & \Delta u/L & \Delta L/L \end{array} \right) \quad (1.23)$$

ここで，せん断ひずみについて注意が必要である．式 (1.23) によれば，図 1.10 に

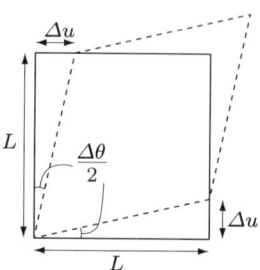

図 1.10 せん断ひずみの定義

---

[*5] グリーン–ラグランジュひずみとは，変形や変位が大きい場合に用いるひずみの定義である．本書では変形や変位が小さい場合のみを扱うため，ひずみには式 (1.23) の表記を用いる．

示す MD セルの形状が $90° \sim 90° - \Delta\theta$ だけ変化する際のひずみは,

$$\varepsilon_{12} = \frac{\Delta u}{L} = \tan\frac{\Delta\theta}{2} \approx \frac{\Delta\theta}{2} \tag{1.24}$$

と求められる.これは,工学ひずみ（形状の角度変化をひずみと定義する）$\gamma = \Delta\theta$ の半分である.つまり,式 (1.22) のグリーン-ラグランジュひずみと工学ひずみの間には,

$$\varepsilon_{12} = \frac{\gamma_{12}}{2}, \qquad \varepsilon_{13} = \frac{\gamma_{13}}{2}, \qquad \varepsilon_{23} = \frac{\gamma_{23}}{2} \tag{1.25}$$

の関係がある.

**(e) 応力**

応力は,式 (1.14) の全エネルギーを,式 (1.22) で定義したグリーン-ラグランジュひずみによって微分した量であり,式 (1.26) のように定義される.

$$\sigma_{ij} = \frac{1}{V}\left\langle \frac{\partial(K+\Phi)}{\partial\varepsilon_{ij}} \right\rangle = \frac{1}{V}\left\langle \sum_{\alpha=1}^{N} m^{\alpha} v_i^{\alpha} v_j^{\alpha} + \frac{\partial\Phi}{\partial\varepsilon_{ij}} \right\rangle \tag{1.26}$$

ひずみによる微分は,式 (1.20) の $\boldsymbol{x} = \boldsymbol{F}\boldsymbol{x}^0$ と,式 (1.20) を時間微分した $\boldsymbol{v} = \boldsymbol{F}\boldsymbol{v}^0$ を用いて求められる.右辺第 2 項を具体的に計算すると,式 (1.27) のようになる.ここで,$\left(r^{\alpha\beta}\right)_i = x_i^{\beta} - x_i^{\alpha}$ である.

$$\frac{\partial\Phi}{\partial\varepsilon_{ij}} = \sum_{\alpha<\beta} \frac{\partial\varphi}{\partial r^{\alpha\beta}} \frac{\partial r^{\alpha\beta}}{\partial\varepsilon_{ij}} = \sum_{\alpha<\beta} \frac{\partial\varphi}{\partial r^{\alpha\beta}} \frac{\left(r_0^{\alpha\beta}\right)_i \left(r_0^{\alpha\beta}\right)_j}{r^{\alpha\beta}} \tag{1.27}$$

応力はエネルギーの微分量なので,エネルギーに比べてゆらぎが大きく,長時間での平均をとる必要がある（【ポイント 6 物性値のゆらぎの取扱い】）.

温度と同様に,原子ごとに応力を定義する原子応力 $\sigma_{ij}^{\alpha}$ も用いられている（式 1.28）.

$$\sigma_{ij}^{\alpha} = \frac{1}{V}\left\langle m^{\alpha} v_i^{\alpha} v_j^{\alpha} + \sum_{\beta=1(\neq\alpha)}^{N} \frac{\partial\varphi}{\partial r^{\alpha\beta}} \frac{\left(r_0^{\alpha\beta}\right)_i \left(r_0^{\alpha\beta}\right)_j}{r^{\alpha\beta}} \right\rangle \tag{1.28}$$

原子応力は連続体の応力とは直接結びつかないが,均質で変形が微小な場合は,連続体の応力と同等と見ることができることがわかっており,原子レベルの応力分布を考察するときに用いられる.

## （2）系の制御とアンサンブル

得られた物性値をもとに，系の制御を行う．統計熱力学によると，熱力学的独立変数は三つであるから，三つの状態変数を制御することができる．

とくに，何の制御もしない場合は，粒子数 $N$，エネルギー $E$，体積 $V$ が保存される（一定に制御される）ミクロカノニカルアンサンブル（NEV）となる．アンサンブルとは統計集合の意味で，熱力学的系のある一つの巨視的状態に対して，微視的な状態としてとりうるものすべてを集めた想像上の集団のことを指す．分子動力学では，熱平衡状態におけるすべての計算ステップの状態を合わせたものがアンサンブルと等価になると仮定する．式 (1.12) の温度や，式 (1.14) のエネルギーの平均操作は，アンサンブル平均ともよばれる．

そのほか，温度 $T$ を一定に制御するカノニカルアンサンブル（NTV），圧力 $P$ を一定に制御する等圧アンサンブル（NPH，またはアンダーセン法），温度と圧力を制御する等圧・等温アンサンブル（NTP），応力 $\sigma$ を制御する等応力アンサンブル（N$\sigma$H，パリネロ–ラーマン法），応力と温度を制御する等応力・等温アンサンブル（N$\sigma$T）がよく用いられる．

以下に，温度一定のアンサンブルと圧力一定のアンサンブルの概念を示す．

### （a）カノニカルアンサンブル（NTV）

温度を一定に制御するアンサンブルであり，能勢–フーバーの方法と，速度スケーリング法がよく用いられる．能勢–フーバーの方法は，図 1.11(a) のように，系と仮想的な熱浴とのやり取りを考慮することにより，カノニカルアンサンブルを実現する方法である．

速度スケーリング法は，ステップごとに温度が設定値になるように，原子の速度をスケーリングする方法であり，能勢–フーバーの方法と同様に，カノニカルアンサンブルが実現されることがわかっている．本書の例題・演習問題ではスケーリング法の

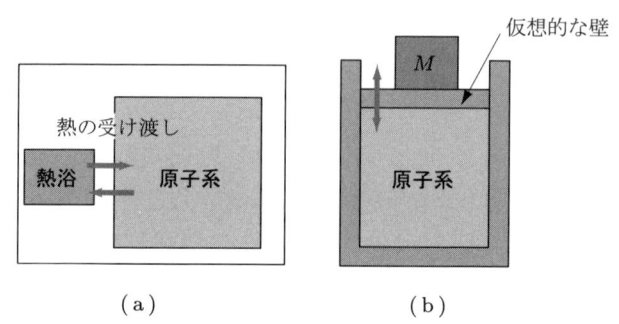

図 1.11　温度一定のアンサンブル (a) と圧力一定のアンサンブル (b) の概念

みを使用している．

**(b) 等圧，等応力アンサンブル（NPH，NσH）**

等圧（圧力一定）のアンサンブル（NPH）は，図1.11(b)に示すように，質量をもった仮想的な壁がピストンのように上下するとモデル化した手法で，原子の運動方程式と同様に，壁の運動方程式も解く．保存されるエネルギーは，原子のエネルギーと壁の運動エネルギー，系のひずみエネルギーの和となる．したがって，熱力学的には系のエンタルピー $H$ が保存される．

本手法は，設定する壁の質量 $M$ によって，壁の挙動が大きく異なる．図1.12は，壁の質量を変化させたときの，MDセルのサイズの時刻歴の例である．質量が大きいとセルのサイズのゆらぎが小さく，質量が小さいとゆらぎが大きくなることがわかる．しかし，平均値は質量によらない．また，質量を $M=1$ より小さくした場合，および $M=100$ より大きくした場合は系は不安定になり，計算不可能となった．壁の質量は重すぎても軽すぎてもよくなく，適正な値に設定する必要がある．

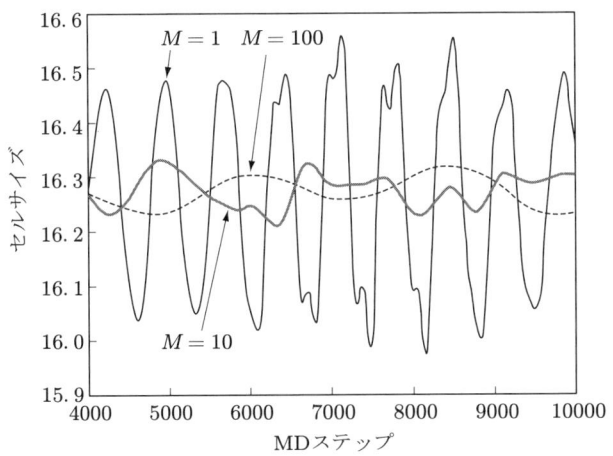

図1.12　等圧アンサンブルの系のサイズの時刻歴．
壁の質量を変えた場合の挙動の違い．

また，図1.12のセルのサイズのゆらぎは非常に大きく，現実的ではないと考えられる．このような強制的なセルサイズのゆらぎは物理的に解釈が難しく，取扱いには注意が必要である．たとえば，平均2乗変位などの物性値算出に等圧アンサンブルを用いることは推奨できない．しかし，等圧アンサンブルは，設定圧力（たとえば圧力ゼロ）のセルサイズを求めるには非常に便利な手法であり，線膨張係数の計算（1.5 (2)項）や，ゼロ応力の初期状態を求める計算によく用いられる．実際の計算例を**【例題**

3 初期緩和計算】,【例題 6 アンサンブルによる物性値のゆらぎの違い】で取り扱う.

等応力（応力一定）アンサンブルであるパリネロ‐ラーマン法（N$\sigma$H）は,等圧アンサンブルの手法を応力の各成分に拡張したもので,せん断応力の負荷など,応力成分の制御が可能である.

等温アンサンブル,等圧アンサンブルともに,人為的な操作が含まれるために,結果的に物理量が正しく制御されているかどうかを確認する必要がある.実際のアンサンブルの計算例を【例題 3 初期緩和計算】,【例題 6 アンサンブルによる物性値のゆらぎの違い】,【演習問題 3 線膨張係数の算出】,【演習問題 7 弾性定数の求め方（ひずみ制御）】,【演習問題 8 弾性定数の求め方（応力制御）】で取り扱う.

> **ポイント 7　アンサンブルの使い分け**
>
> 分子動力学では目的に応じてアンサンブルを使い分ける.物性値の制御が正しく行われているかをチェックする.
> - ☞【例題 3 初期緩和計算】(p.73)
> - 【例題 6 アンサンブルによる物性値のゆらぎの違い】(p.78)
> - 【演習問題 3 線膨張係数の算出】(p.96)
> - 【演習問題 7 弾性定数の求め方（ひずみ制御）】(p.108)
> - 【演習問題 8 弾性定数の求め方（応力制御）】(p.109)

## 1.5　結果を分析する（二次解析）

1.1～1.4 節で述べてきた図 1.1 の①～④の手順を多数の MD ステップ繰り返すことにより,原子運動の軌跡が得られる.計算が終わったら,結果を使って二次解析を行う.

分子動力学の解析は非常に多様なため,ここでは代表的なものを示す.

### (1) 原子の座標と速度

計算が終わったら,結果のチェックの意味も兼ねて,原子運動のアニメーションを見るとよい.たとえば,固体の加熱による液体への遷移,液体の急冷によるアモルファス構造の生成（図 1.13(a)）,アモルファス構造を一定時間アニールすることによる結晶核の生成などの相変化・相変態のシミュレーション（図 1.13(b)）では,アニメーションにより多くの情報が得られる.

破壊現象も同様に,アニメーションが重要なシミュレーションの一つである.図 1.14

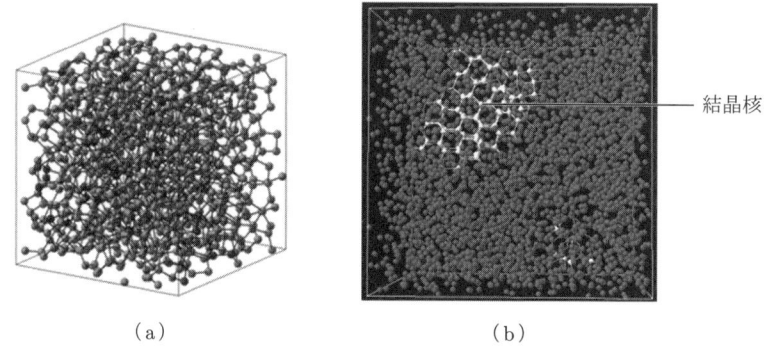

(a)　　　　　　　　　　　(b)

図 1.13　液体からのアモルファスシリコン生成シミュレーション (a) と，アモルファスシリコン中のからの結晶核生成シミュレーション (b)

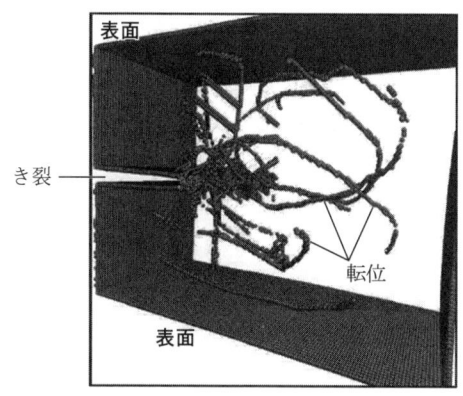

図 1.14　き裂先端からの転位ループ生成シミュレーション．エネルギーが高い原子のみを表示しているため，転位ループや表面が可視化できている．

は，き裂先端からの転位ループ生成過程のシミュレーションの例で，エネルギーの高い原子のみを可視化することにより，転位生成のプロセスが観察できる．実際の計算例を【**演習問題 1 融点の求め方**】，【**演習問題 2 固相成長**】，【**演習問題 12 カーボンナノチューブの座屈変形**】，【**演習問題 13 結晶成長の初期過程**】，【**演習問題 14 ナノピラーの塑性変形**】で取り扱う．

(2) 平衡原子間距離と線膨張係数

　平衡原子間距離は，系の応力がゼロになるときの原子間距離である．絶対零度では，ポテンシャル関数により解析的に求めることもできるが，有限温度においては，原子

振動により原子間距離が常に変動するため，解析的には求められない．

　分子動力学においては，平衡原子間距離を求めるために，まず，NTP アンサンブルにより，ゼロ応力となるセルサイズの平均値を求める必要がある．

　温度が高くなればなるほど熱膨張するので，平衡原子間距離は大きくなる．温度条件を変えた NTP アンサンブルによりセルサイズの温度依存性を計算することで，線膨張係数（熱膨張率）を求めることができる．線膨張係数 $\alpha$ は，格子サイズ $L$ の温度依存性から，式 (1.29) のように定義される[*6]．

$$\alpha = \frac{1}{L}\left(\frac{\partial L}{\partial T}\right)_{P=0} \tag{1.29}$$

　具体的には，温度 $T$ の格子サイズを $L_T$，温度 $T'$ の格子サイズを $L_{T'}$ とすると，式 (1.30) が得られる．

$$L_T = L_{T'}\{1 + \alpha(T - T')\} \tag{1.30}$$

式 (1.30) から，線膨張係数が式 (1.31) のように定義できる．

$$\alpha = \frac{L_T - L_{T'}}{L_{T'}(T - T')} \tag{1.31}$$

ただし，線膨張係数には温度依存性があるため，興味のある温度の近くで式 (1.31) を計算する必要がある．線膨張係数算出のための具体的手順を【**演習問題 3** 線膨張係数の算出】で取り扱う．

## (3) 比熱

　定積モル比熱は，温度 $T$ に関する内部エネルギー（全エネルギー）$E$ の変化の割合であり，式 (1.32) のように定義できる．

$$C_V = \left(\frac{\partial E}{\partial T}\right)_V \approx \frac{\Delta E}{\Delta T} \tag{1.32}$$

　分子動力学で比熱を求める場合は，さまざまな温度において全エネルギーを求めて，温度に対する勾配を計算する．

　固体の比熱は，デュロン–プティの法則により，元素によらず，式 (1.33) のようになることが知られている．ここで，$R$ は気体定数である．

---

[*6] fcc 結晶やダイヤモンド構造の結晶などの通常の結晶では，線膨張係数は等方性であるが，特殊な結晶の場合は異方性を示す場合がある．

$$C_V = 3R \tag{1.33}$$

具体的な手順を【**演習問題 4** 比熱の算出と材料依存性】で取り扱う．

### (4) 構造解析（動径分布関数）

アモルファス構造や液体は，構造が乱れておりアニメーションでは特徴がつかめないため，構造を解析して特徴をつかむ必要がある．

動径分布関数は，実験よりアモルファス構造の特徴を知る構造解析の一つであり，分子動力学の計算と実験の直接的な比較が可能である．

動径分布関数 $J(r)$ は，図 1.15(a) のように，ある原子から距離 $r$ 離れた場所にどれだけの原子が存在するかの指標である．分子動力学では，半径 $r - \Delta r/2$ と $r + \Delta r/2$ の二つの曲面に挟まれた球殻中の粒子数をカウントした $n(r - \Delta r/2, r + \Delta r/2)$ を各原子について求めて平均したものであり，式 (1.34) のように求められる．ここで，$V$ は体積，$N$ は原子数である．

$$J(r) = \frac{V}{N} \frac{1}{4\pi r^2 \Delta r} \frac{1}{N} \sum_{k=1}^{N} n_k \left( r - \frac{\Delta r}{2},\ r + \frac{\Delta r}{2} \right) \tag{1.34}$$

図 1.15(b) に，分子動力学で求めたアモルファスシリコンの動径分布関数を示す．結晶構造では第一近接，第二近接，第三近接に対応した鋭いピークが見られるが，アモルファス構造では第二近接と第三近接が重なり，ブロードなピークが見られるのが特徴であり，これは実験結果を再現している．具体的な動径分布関数の算出手順を【**演習問題 5** アモルファス構造の動径分布関数】で取り扱う．

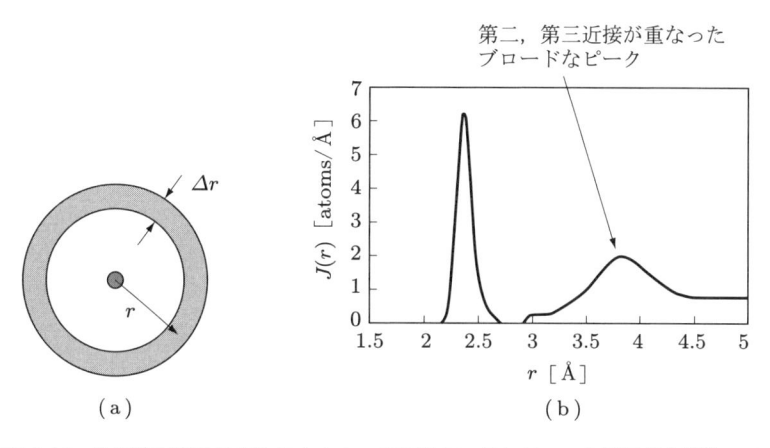

図 1.15 動径分布関数の求め方 (a) と，アモルファスシリコンの動径分布関数 (b)

分布関数の形状からは配位数（第一ピークに対応する原子数）や結合角偏差（第二ピークの広がり）が得られ，分子動力学の結果と比較することにより，さらに詳細に構造を分析することも可能である．

原子種が複数の場合，原子種の組合せごとに，式 (1.34) と同様な分布関数が定義できる．これを 2 体相関関数とよぶ．

### (5) 輸送係数

輸送係数とは，物質拡散や熱の流束とその勾配を対応付ける係数であり，(流束) = (輸送係数) × (勾配) という関係がある．拡散係数，熱伝導係数，粘性係数などがその例である．

ここでは，拡散係数の例を示す．拡散係数 $D$ とは，拡散流束 ($J$) と濃度 ($c$) の勾配との関係を対応づける係数で，1 次元では，式 (1.35) の関係が成り立つ．

$$J = -D \frac{\partial c}{\partial x} \tag{1.35}$$

また，拡散現象は 4.2 節でも述べるように熱活性化過程であるため，拡散係数は温度 $T$ に依存し，式 (1.36) のような関係が成り立つ．ここで，$D_0$ は定数，$k_B$ はボルツマン定数，$\Delta E$ は活性化エネルギーである．

$$D = D_0 \exp\left(-\frac{\Delta E}{k_B T}\right) \tag{1.36}$$

さまざまな温度に対して拡散係数 $D$ を求めると，式 (1.36) の関係から拡散の活性化エネルギーを推測することができる．

拡散係数 $D$ は平均 2 乗変位（msd）を用いて，式 (1.37)（アインシュタインの式）のように求められる．

$$D = \lim_{t \to \infty} \frac{\left\langle [\bm{x}(t) - \bm{x}(0)]^2 \right\rangle}{6t} \quad \left(\text{msd} = \left\langle [\bm{x}(t) - \bm{x}(0)]^2 \right\rangle\right) \tag{1.37}$$

ここで $\langle \cdots \rangle$ はアンサンブル平均であり，対象原子の平均をとるという意味と，初期状態（$t = 0$）が異なるさまざまな時系列データの平均をとるという意味である．

分子動力学における平均 2 乗変位を具体的に求めるには，式 (1.37) にもとづいて，対象となる $N$ 個の原子について，ある初期状態を基準に時間 $t$ 後の変位の差の 2 乗を平均する．対象となる原子は，固体中の不純物の拡散を見たい場合は，その不純物のみである．単種の原子のみが含まれる液相などの拡散（流動）を見たい場合は，すべての原子が対象となる．後者の平均 2 乗変位から求めた拡散係数を自己拡散係数と

よぶ．自己拡散係数は，固体から液体になると急激に大きくなることが知られており，相変化の指標とされている．

ここで，一つの不純物原子の 2 乗変位は一般に，図 1.16 のように，初期位置のまわりをランダムウォークで戻ったり離れたりしながら少しずつ遠ざかっていく（拡散する）．しかし，このゆらぎが激しいグラフから時間に対する勾配を正確に得ることは困難である．

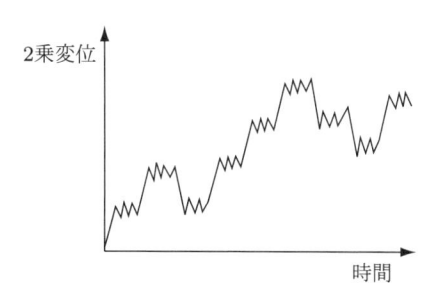

**図 1.16　不純物原子の 2 乗変位の時刻歴**

ゆらぎを抑えるためには，多くの時系列データを用意して平均を取る必要がある．時系列データを用意するには，図 1.17(a) のように，異なる初期状態を用いて複数（$n_s$ 個）の分子動力学計算を実施して平均を取る手法（手法 A）と，一つの分子動力学計算の中から，初期状態が異なる複数の時系列データ（$n_s$ 個）を抜き出して平均を取る手法（手法 B）の 2 種類の方法がある．十分な計算時間がとれる場合は，手法 A を用いるほうがよい．

手法 B においては，抜き出す時系列データの数（$n_s$）と初期状態のシフト量（$t_{\mathrm{shift}}$）を設定する必要がある．シフト量が小さいとほとんど同じデータの平均をとることになるため，時系列データの独立性のためには，大きく設定したほうが有効であるが，大きく設定すると取れる時系列データの数が減ってしまう．理解のため，図 1.18 に簡単な実例を示す．総ステップ数 10 の計算結果から $t = 5\,\mathrm{MD}$ ステップの平均 2 乗変位を求める場合，シフトを 1 ステップに設定すると 6 個の時系列データが抜き取れるが（図 1.18(a)），シフトを 2 ステップにすると 3 個しか抜き取れないことがわかる（図 1.18(b)）．

このように，平均 2 乗変位を計算する総タイムステップ $t_{\mathrm{tot}}$ と時系列データの数 $n_s$ は，いずれも十分大きく取る必要がある．加えて，平均 2 乗変位が時間に対してゆらぎが少ない直線となっているか，時間に対して勾配が一定となっているかなどをチェックする．

平均 2 乗変位の算出例として，図 1.19 に，YSZ（イットリア安定化ジルコニウム：

$t = t_0 \quad t = t_1 \qquad\qquad\qquad t = t_{\mathrm{tot}}$

① ———————————————————————→
② ———————————————————————→
③ ———————————————————————→
④ ———————————————————————→

**手法A**：異なる複数（$n_s = 4$）の時系列データを平均して平均2乗変位（msd）を求める方法

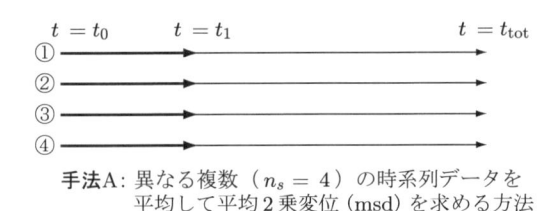

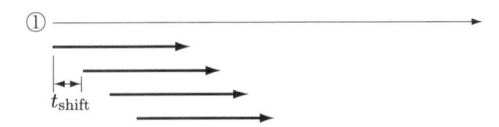

① ———————————————————————→
　　　———————————————————→
　　　　　———————————————→
　　　　　　　———————————→
　|←→|
　$t_{\mathrm{shift}}$

**手法B**：一つの時系列データから初期状態をずらして作成した複数（$n_s = 4$）の時系列データを平均して平均2乗変位（msd）を求める方法

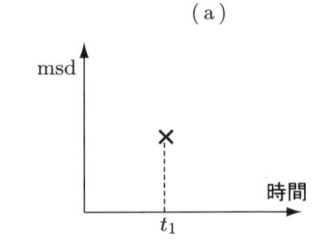

(a)

手法Aまたは手法Bの平均操作で得られた平均2乗変位を時刻 $t_1$ のところにプロットし，さまざまな $t$ について平均2乗変位（msd）を求める

(b)

**図 1.17** 平均 2 乗変位の求め方 (a) と，拡散係数算出のための平均 2 乗変位の時間依存性算出 (b)

（a）シフト1の場合（時系列の個数6）　（b）シフト2の場合（時系列の個数3）

**図 1.18** 平均 2 乗変位の計算のためのデータの抜き取り（●）におけるシフトと時系列データの数の関係．総ステップ数 10 で $t = 5$ MD ステップの平均 2 乗変位を求める場合．

$ZrO_2$ 中に 0.2 mol% の $Y_2O_3$ を添加したモデル）の 1400～2200 K における $O^{2-}$ の平均 2 乗変位の時間依存性を示す（図 1.17 の手法 A を用いている）．式 (1.37) より，図 1.19 の勾配が拡散係数に相当する．温度が高いほど勾配が大きくなり，拡散係数が

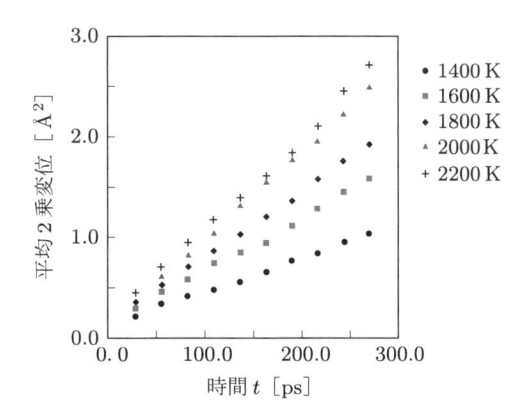

図 1.19 YSZ の各温度における $O^{2-}$ の平均 2 乗変位の時間依存性．勾配より $O^{2-}$ の拡散係数が得られる．

大きくなっていることがわかる．実例を【演習問題 6 拡散係数の求め方】で取り扱う．

また，任意の物理量の輸送係数は，その物理量の時間変化の自己相関関数の積分値からも求められる．これをグリーン–久保の公式とよぶ．つまり，拡散係数であれば，式 (1.38) のように，速度の自己相関関数からも求めることができる．ただし，この式は収束性が悪いため，非常に長いタイムステップの計算が必要である．

$$D = \int_0^\infty \langle \boldsymbol{v}(\tau)\boldsymbol{v}(0) \rangle \, d\tau \tag{1.38}$$

## (6) 弾性定数

系の弾性定数を得るためには，以下の 3 種類の手法がある．

手法 A：解析的方法
手法 B：系を変形させて応力–ひずみ関係より算出する
手法 C：ゆらぎ公式（fluctuation formula）により算出する

手法 A は解析的にポテンシャルをひずみテンソル成分で二階微分して弾性定数を求める手法であるが，ポテンシャル関数の微分形を計算する手順が煩雑で，かつ内部変位が生じる場合の取扱いが非常に複雑になるため，実用的ではない．

手法 B の応力–ひずみ関係より算出する方法は，MD セルの形状マトリックスを変化させることにより系を変形させて応力を求めるひずみ制御法と，パリネロ–ラーマン法により応力を制御して系の変形を求める荷重制御法の 2 通りの手法が行われる．いずれも手法自体は簡単であるが，弾性定数のすべての成分を求めるためには，複数のパターンの計算が必要であることと，高温ではゆらぎが多く，正確な値を得るため

には長時間平均が必要であるというデメリットがある．

　手法 C のゆらぎ公式による方法は，統計熱力学の定義式から，温度や応力などのゆらぎの統計量より物性値を求める手法であり，比熱や線膨張率などのほかの物性値も求めることができる．定義式はアンサンブルによって異なる．ゆらぎの情報を使うので，高温では精度よく求まるが，低温では収束した解が得られないという欠点がある．

　したがって，計算時間が長くないのであれば，手法 B の応力 - ひずみ関係より算出する方法がもっとも一般的である．

　ここで，鉄のような立方晶の結晶の弾性定数を求める手順について概説する．実際の手順は【**演習問題 7** 弾性定数の求め方（ひずみ制御）】，【**演習問題 8** 弾性定数の求め方（応力制御）】で取り扱う．立方晶の応力 - ひずみ関係は式 (1.39) のようになり，独立な弾性定数は $C_{11}, C_{12}, C_{44}$ の三つとなる．ここで，せん断ひずみは工学ひずみであることに注意してほしい．工学ひずみとグリーン - ラグランジュひずみの間には，式 (1.25) の関係がある．

$$\begin{pmatrix} \sigma_x \\ \sigma_y \\ \sigma_z \\ \tau_{xy} \\ \tau_{xz} \\ \tau_{yz} \end{pmatrix} = \begin{pmatrix} C_{11} & C_{12} & C_{12} & 0 & 0 & 0 \\ C_{12} & C_{11} & C_{12} & 0 & 0 & 0 \\ C_{12} & C_{12} & C_{11} & 0 & 0 & 0 \\ 0 & 0 & 0 & C_{44} & 0 & 0 \\ 0 & 0 & 0 & 0 & C_{44} & 0 \\ 0 & 0 & 0 & 0 & 0 & C_{44} \end{pmatrix} \begin{pmatrix} \varepsilon_x \\ \varepsilon_y \\ \varepsilon_z \\ \gamma_{xy} \\ \gamma_{xz} \\ \gamma_{yz} \end{pmatrix} \quad (1.39)$$

　最初に，ひずみ制御法による弾性定数の算出法について述べる．$x$ 軸方向のセルサイズを変えることを考えると，形状マトリックスは式 (1.40) のようになる．

$$h_0 = \begin{pmatrix} L_0 & 0 & 0 \\ 0 & L_0 & 0 \\ 0 & 0 & L_0 \end{pmatrix} \quad \rightarrow \quad h = \begin{pmatrix} L_0 + \Delta L_u & 0 & 0 \\ 0 & L_0 & 0 \\ 0 & 0 & L_0 \end{pmatrix} \quad (1.40)$$

式 (1.22) から高次項を無視すると，ひずみは式 (1.41) のようになる．

$$\varepsilon_{ij} = \begin{pmatrix} \varepsilon_x = \Delta L_u/L_0 & 0 & 0 \\ 0 & 0 & 0 \\ 0 & 0 & 0 \end{pmatrix} \quad (1.41)$$

式 (1.39) の応力 - ひずみ関係より，式 (1.42) が得られる．

$$\sigma_x = C_{11}\varepsilon_x, \qquad \sigma_y = \sigma_z = C_{12}\varepsilon_x \tag{1.42}$$

これより，$C_{11}$ と $C_{12}$ は式 (1.43) のように書くことができる．

$$C_{11} = \frac{\sigma_x}{\varepsilon_x}, \qquad C_{12} = \frac{\sigma_y}{\varepsilon_x} = \frac{\sigma_z}{\varepsilon_x} \tag{1.43}$$

したがって，セルサイズを式 (1.40) のように変えた体積一定の分子動力学計算で $\sigma_x$ と $\sigma_y$ を求めることによって，$C_{11}$ と $C_{12}$ が求められる．

次に，せん断方向の弾性定数 $C_{44}$ を求める．MD セルを式 (1.44) のように傾ける．

$$h_0 = \begin{pmatrix} L_0 & 0 & 0 \\ 0 & L_0 & 0 \\ 0 & 0 & L_0 \end{pmatrix} \rightarrow h = \begin{pmatrix} L_0 & \Delta L_S & \Delta L_S \\ \Delta L_S & L_0 & \Delta L_S \\ \Delta L_S & \Delta L_S & L_0 \end{pmatrix} \tag{1.44}$$

式 (1.22) から高次項を無視すると，グリーン - ラグランジュひずみは式 (1.45) のようになる．

$$\varepsilon_{ij} = \begin{pmatrix} 0 & \Delta L_S/L_0 & \Delta L_S/L_0 \\ \Delta L_S/L_0 & 0 & \Delta L_S/L_0 \\ \Delta L_S/L_0 & \Delta L_S/L_0 & 0 \end{pmatrix} \tag{1.45}$$

式 (1.39) の応力 - ひずみ関係より，式 (1.46) が得られる．

$$\tau_{xy} = C_{44}\gamma_{xy} = 2C_{44}\varepsilon_{xy} \tag{1.46}$$

これより，$C_{44}$ は式 (1.47) のように書くことができる．このように，セルサイズを式 (1.44) のように設定した体積一定の分子動力学でせん断応力 $\tau_{xy}$ を求めることによって，$C_{44}$ が求められる．

$$C_{44} = \frac{\tau_{xy}}{\gamma_{xy}} = \frac{\tau_{xy}}{2\varepsilon_{xy}} \tag{1.47}$$

次に，荷重制御法 (パリネロ - ラーマンの手法を使った算出法) について述べる．最初に，式 (1.48) のように $x$ 軸方向に 1 軸の応力を設定する．

$$\sigma_x = \sigma, \qquad \sigma_y = \sigma_z = \tau_{xy} = \tau_{xz} = \tau_{yz} = 0 \tag{1.48}$$

式 (1.39) より，式 (1.49) の関係が成り立つことがわかる．

$$\begin{cases} \sigma = C_{11}\varepsilon_x + C_{12}\varepsilon_y + C_{12}\varepsilon_z \\ 0 = C_{12}\varepsilon_x + C_{11}\varepsilon_y + C_{12}\varepsilon_z \\ 0 = C_{12}\varepsilon_x + C_{12}\varepsilon_y + C_{11}\varepsilon_z \end{cases} \tag{1.49}$$

式 (1.49) の第 2, 3 式から $\varepsilon_y = \varepsilon_z$ であることがわかるので，これと式 (1.49) の第 1 式から，式 (1.50) のように $C_{11}$ と $C_{12}$ が定義できる．パリネロ–ラーマン法で求めた形状マトリックスからひずみ $\varepsilon_x, \varepsilon_y$ を計算することにより，$C_{11}$ と $C_{12}$ を得ることができる．

$$\begin{aligned} C_{11} &= \frac{\varepsilon_x + \varepsilon_y}{(\varepsilon_x - \varepsilon_y)(\varepsilon_x + 2\varepsilon_y)} \sigma \\ C_{12} &= \frac{-\varepsilon_y}{(\varepsilon_x - \varepsilon_y)(\varepsilon_x + 2\varepsilon_y)} \sigma \end{aligned} \tag{1.50}$$

せん断方向の弾性定数 $C_{44}$ も同様に，せん断方向の応力を設定し，式 (1.51) の関係式を用いて求められる．

$$\tau_{xy} = C_{44}\gamma_{xy} = 2C_{44}\varepsilon_{xy} \tag{1.51}$$

### (7) 空孔形成エネルギー

空孔形成エネルギーとは，空孔を一つつくるのに必要な正味のエネルギーであり，空孔が一つ含まれる $N-1$ 個の原子の系のエネルギーを $E_{\text{defect}}^{N-1}$ とし，空孔がない完全結晶の系のエネルギーを $E^N = -NE_{\text{coh}}$ とするとき，式 (1.52) のように定義できる．ここで，$E_{\text{coh}}$ は原子 1 個当たりのポテンシャルエネルギーであり，凝集エネルギーとよばれる（1.2 (1) 項を参照）．

$$E_V = E_{\text{defect}}^{N-1} - (N-1)E_{\text{coh}} = E_{\text{defect}}^{N-1} - \frac{N-1}{N}E^N \tag{1.52}$$

格子間原子などのほかの点欠陥も，同様に形成エネルギーが定義できる．

一般に，レナードジョーンズポテンシャルのような 2 体ポテンシャルでは，2.1 節で解説するように，空孔や表面などの欠陥まわりのエネルギーは再現できないとされており，多体（3 体）ポテンシャルを適用する必要がある．空孔形成エネルギーの計算例を【**演習問題 9** 空孔形成エネルギーの算出】で取り扱う．

### (8) 表面エネルギー・界面エネルギー

表面エネルギーは，表面をつくるために必要な単位面積当たりのエネルギーである．分子動力学では，図 1.20 のように，通常は 3 方向に周期境界条件をかける系の 1 方向

(a) バルク　　　　　　　　(b) 表面

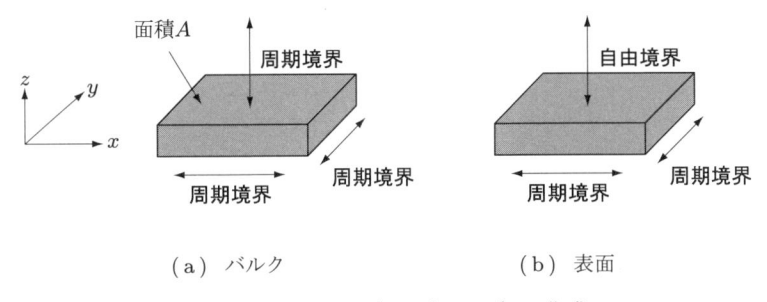

図 1.20　バルクモデル，表面モデルの作成

（ここでは $z$ 方向）を自由境界条件に設定（もしくは，$z$ 方向のセルサイズを，表面どうしの距離がポテンシャルのカットオフ距離より大きくなるように設定）して，表面モデルを作成する．表面エネルギーは，図 1.20(b) の表面モデルのエネルギー $E_{\text{surf}}$ と図 1.20(a) の周期境界条件を設定した場合のバルクのエネルギー $E_{\text{bulk}}$ の差を表面積で割った値として，式 (1.53) で定義される．ここで，$A$ は上面もしくは下面の表面積である．

$$\gamma_{\text{surf}} = \frac{E_{\text{surf}} - E_{\text{bulk}}}{2A} \tag{1.53}$$

材料によっては，複雑な表面構造をもつものがある．たとえば，シリコンの (100) 面ではダイマー構造という特徴的な表面再構成が起こることが知られている．このような表面を取り扱う場合，表面エネルギーを求める前に構造緩和の計算を十分に行う必要がある．

一般に，構造緩和を行わずに求めた表面エネルギーを非緩和（unrelaxed）表面エネルギー，構造緩和を行ったものを緩和（relaxed）表面エネルギーとよぶ．

界面エネルギーは，表面と同様に，界面をつくるために必要な単位面積当たりのエネルギーである．分子動力学では，図 1.21(a) のように二つの材料 a, b の 2 層を接合して周期境界条件を 3 方向に設定する方法，もしくは，図 1.21(b) のように，2 層を接合して $z$ 方向に自由境界条件を設定する方法で界面モデルを作成する．図 1.21(a) には A と B の二つの界面が存在するのに対して，図 1.21(b) には界面 A しか存在せず，上下の面は表面となっている．

図 1.21(a) の界面エネルギーは，式 (1.54) のように，界面モデルのエネルギー $E_{\text{interface}}^{\text{AB}}$ と材料 a, b のバルクのエネルギー $E_{\text{bulk}}^{\text{a}}, E_{\text{bulk}}^{\text{b}}$ の差を表面積で割った値として定義できる．

$$\gamma_{\text{interface}}^{\text{AB}} = \frac{E_{\text{interface}}^{\text{AB}} - E_{\text{bulk}}^{\text{a}} - E_{\text{bulk}}^{\text{b}}}{2A} \tag{1.54}$$

(a) 界面 A, B  (b) 界面 A

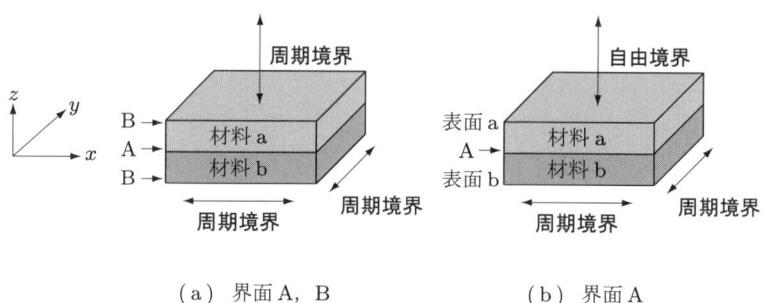

**図 1.21** 界面モデルの作成

図 1.21(b) の界面エネルギーは，式 (1.55) のように，界面モデルのエネルギー $E_{\text{interface}}^{\text{A}}$ と材料 a, b のバルクのエネルギー $E_{\text{bulk}}^{\text{a}}, E_{\text{bulk}}^{\text{b}}$ の差を表面積で割った値から，上下面の表面エネルギー $\gamma_{\text{surf}}^{\text{a}}, \gamma_{\text{surf}}^{\text{b}}$ を引いたものとして定義できる．

$$\gamma_{\text{interface}}^{\text{A}} = \frac{E_{\text{interface}}^{\text{A}} - E_{\text{bulk}}^{\text{a}} - E_{\text{bulk}}^{\text{b}}}{A} - \gamma_{\text{surf}}^{\text{a}} - \gamma_{\text{surf}}^{\text{b}} \qquad (1.55)$$

界面構造も表面構造と同様に，構造緩和を行う必要がある．ただし，実際の界面構造は結晶成長過程に依存するので，実験を再現する界面構造の作成は容易ではない．この問題を【**演習問題 13　結晶成長の初期過程**】で取り上げる．

また，表面・界面エネルギーの実際の計算例を【**演習問題 10　表面エネルギー**】，【**演習問題 11　界面エネルギー**】で取り扱う．

# 2章 原子間ポテンシャル

1.2 (1) 項で解説したレナードジョーンズポテンシャルはもっとも単純な原子間ポテンシャルであり，現実の材料を表現するには不十分であることがわかっている．精度をもっとも上げるには，電子状態計算をベースとした第一原理分子動力学が理想である．しかし，計算系は 100 個程度に制限され，長い時間ステップの計算も難しいのが現状である．そのため，材料の特性に合わせてさまざまな原子間ポテンシャルが提案されてきた．ここでは，固体系の代表的なポテンシャルとその考え方について解説する．

2.1 節では 2 体ポテンシャルとその問題点について，2.2 節では共有結合系の多体ポテンシャル，2.3 節では金属結合系の多体ポテンシャル，2.4 節ではイオン結合を表すイオンポテンシャル，2.5 節では高分子などの分子内・分子間ポテンシャル，2.6 節では最近のポテンシャルの動向について，2.7 節では原子間ポテンシャルの選定方法について，2.8 節では原子間ポテンシャルを自分で作成する方法について述べる．

本書は，汎用コードを使うユーザを前提としており，詳細なポテンシャルパラメータやプログラムへの実装において必要な知識については触れない．それらの知識については参考図書 [1][2] にまとめられているので参照してほしい．とくに，参考図書 [2] では本書で取り上げられている原子間ポテンシャルが詳細に解説されている．

## 2.1　2 体ポテンシャル

### (1) レナードジョーンズポテンシャル

レナードジョーンズポテンシャルは，原子の電荷の偏りによる双極子間の引力相互作用（ファンデルワールス力）を模擬したポテンシャルであり，基本的には閉殻な電子構造をもつ希ガス（Ar, Ne）に適しているが，単純な形であることから，さまざまな元素で用いられている．ポテンシャルの形状は式 (2.1) のように，見かけの分子径 $\sigma$，ポテンシャルの谷の深さ $\varepsilon$ で記述されている[*1]．

---

[*1] たとえば，銅であると，$\varepsilon = 0.167\,\mathrm{eV}$, $\sigma = 2.314\,\text{Å}$ (F. Cleri, Phys. Rev. Lett., Vol.79 (1997) 1309.).

$$\varphi(r) = 4\varepsilon \Big\{ \underbrace{\Big(\frac{\sigma}{r}\Big)^{12}}_{\text{斥力}} - \underbrace{\Big(\frac{\sigma}{r}\Big)^{6}}_{\text{引力}} \Big\} \tag{2.1}$$

原子間距離を $\sigma$，ポテンシャルエネルギーを $\varepsilon$ で規格化したポテンシャル関数形状を図 2.1 に示す．平衡原子間距離付近でエネルギーが極小を取り，そこから離れるにつれ急激にゼロに近づいていることがわかる．

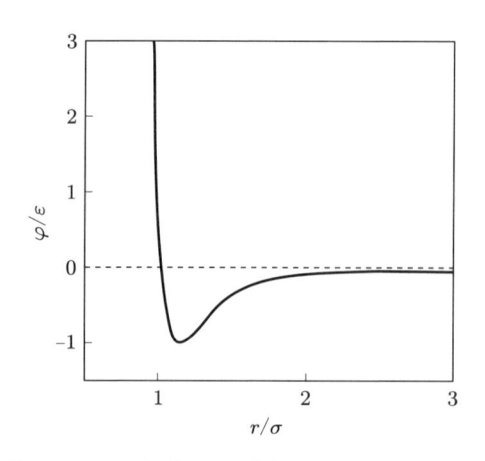

**図 2.1 レナードジョーンズポテンシャルの関数形状**

レナードジョーンズポテンシャルを結晶構造に適用する場合は，fcc 構造のような密な構造に限定され，bcc 構造やダイヤモンド構造には用いることができない（fcc 構造が凝集エネルギーがもっとも大きくなり，最安定構造になる）．このポテンシャルについては【例題 1 セルサイズの設定】で取り扱う．

**(2) モースポテンシャル**

モースポテンシャルは金属などに応用されているポテンシャルで，式 (2.2) のように指数関数が使われており，$r = r_0$ で $\varphi = -D$（結合エネルギー）となる[*2]．その関数形状を図 2.2 に示す．

$$\varphi(r) = D\Big[ \underbrace{\exp\{-2\alpha(r-r_0)\}}_{\text{斥力}} - \underbrace{2\exp\{-\alpha(r-r_0)\}}_{\text{引力}} \Big] \tag{2.2}$$

指数関数の形が電子状態計算とよく合うことがわかっているため，後に EAM ポテ

---

[*2] たとえば，銅であると，$D = 5.2587 \times 10^{-13}$ erg, $\alpha = 1.3123\,\text{Å}^{-1}$, $r_0 = 2.8985\,\text{Å}$ (R. Lincoln, Phys. Rev., Vol.157 (1967) 463.)．ここで，1 erg $= 6.24150934 \times 10^{11}$ eV である．

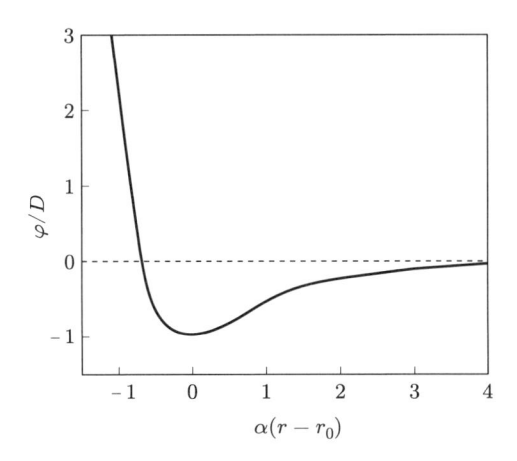

図 2.2 モースポテンシャルの関数形状

ンシャルやターソフポテンシャルにも用いられることになる．このポテンシャルについては**【例題 2 適正な初期状態の設定】**〜**【例題 6 アンサンブルによる物性値のゆらぎの違い】**で取り扱う．

### (3) ジョンソンポテンシャル

ジョンソンポテンシャルは，bcc 構造である $\alpha$ 鉄を表現するためにつくられた 2 体ポテンシャルである．その関数形状は式 (2.3) のように，3 次の多項式をつなげた形になっている．

$$\varphi(r) = \begin{cases} \phi_1(r) & (1.9\,\text{Å} < r < 2.4\,\text{Å}) \\ \phi_2(r) & (2.4\,\text{Å} \leq r < 3.0\,\text{Å}) \\ \phi_3(r) & (3.0\,\text{Å} \leq r < 3.44\,\text{Å}) \end{cases} \tag{2.3}$$

ただし，$\phi_i(r) = a_i\,(r - b_i)^3 + c_i r + d_i$

ここで，$a_i, b_i, c_i, d_i$ はポテンシャルパラメータである．ポテンシャルの関数形状を fcc, bcc 構造の第一，第二近接の位置とともに，図 2.3 に示す．ジョンソンポテンシャルは 2 体ポテンシャルであるが，fcc 構造よりも bcc 構造が安定になる．これは，ポテンシャルの相互作用範囲が fcc 構造の第一近接（結合数 12）と，bcc 構造の第一（結合数 8）および第二近接（結合数 6）を含み，fcc 構造の第二近接（結合数 6）を含まない距離に設定されているためである．

通常の 2 体ポテンシャルはカットオフ距離が第二近接より長いので，多くの場合，結合数が多くて密な fcc 構造が安定となる．しかし，ジョンソンポテンシャルのよう

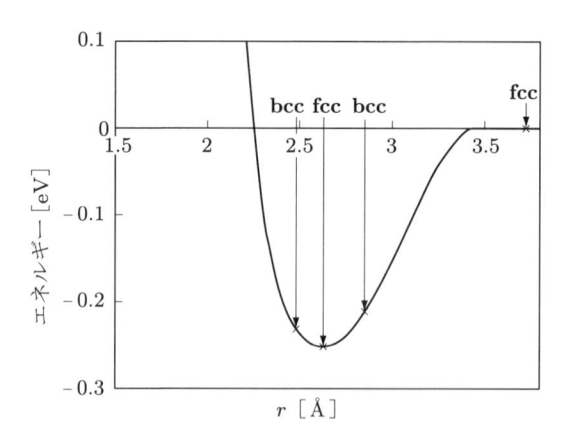

図 2.3 ジョンソンポテンシャルの関数形状と
fcc, bcc 構造の第一, 第二近接の位置

にカットオフの範囲や関数形状を調整することにより, hcp 構造や bcc 構造が安定になるポテンシャルをつくることも可能である[*3].

2体ポテンシャルにはいくつかの致命的な欠点がある. たとえば, 弾性定数の表現が貧弱で, 関数形状の制約によって, 必ず $C_{12}$ と $C_{44}$ が等しくなってしまう. また, 欠陥や表面エネルギーが正しく表現できない. 図 2.4(a) に空孔の場合を示す. 空孔のまわりは, 本来あった結合（ここでは 4 本）が未結合手（ダングリングボンド）となり, ここで使われていた電子が余り, 余った電子が背後の結合（バックボンド）に移る. つまり, 空孔のまわりにはバルクとは異なる結合状態が形成される. 図 2.4(b) は表面の場合であり, 空孔の場合と同様に, 表面の未結合手は背後にまわってバック

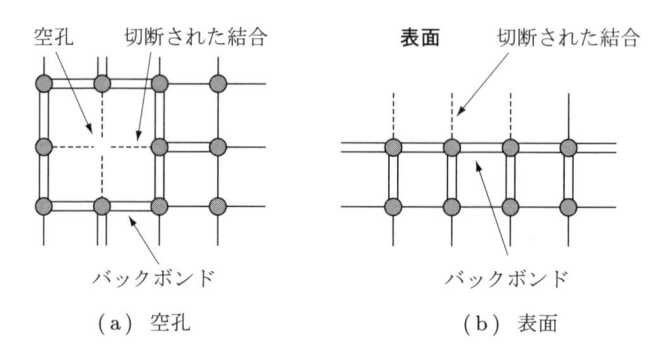

図 2.4 空孔, 表面の未結合手とバックボンド

---

[*3] 新國大介, "アモルファス金属に対する経験的原子間ポテンシャルの適用性評価" 東京大学大学院工学系研究科 修士論文, 平成 19 年.

ボンドを形成し，表面独自の結合状態が形成される．このようなバックボンドの特徴は，結合・未結合の概念が取り入れられていない2体ポテンシャルでは表現できない．

この致命的な欠点を修正するため，環境（表面や欠陥）に依存した多体ポテンシャルの開発が行われた．2.2節，2.3節に，共有結合系と金属結合系の例を示す．また，空孔にジョンソンポテンシャルを適用した場合に，2体ポテンシャルが具体的にどのような欠点をもつのかを【演習問題9 空孔形成エネルギー】で示す．

## 2.2　多体ポテンシャル（共有結合系）

シリコンや炭素などの共有結合材料は，$sp^2$混成軌道や$sp^3$混成軌道により，強い方向性をもった結合をもつことが特徴である．また，配位数が3（グラファイト構造）のときと4（ダイヤモンド構造）のときで結合角度が大きく変わることも特徴である．単純な2体ポテンシャルではグラファイトやダイヤモンド構造を表現することが難しいため，結合角や配位数の効果を取り入れた多体ポテンシャルが開発された．

ダイヤモンド構造の代表的なポテンシャルとして，シリコンに適用されるスティリンジャー - ウェーバー（Stillinger - Weber: SW）ポテンシャルと，シリコンと炭素に適用されるターソフポテンシャルについて述べる．

### (1) スティリンジャー - ウェーバーポテンシャル

SWポテンシャルは多体クラスターポテンシャルともよばれる．多体クラスターポテンシャルとは，式(2.4)のように，ポテンシャルを2原子の座標$(\bm{r}^\alpha, \bm{r}^\beta)$に依存する2体ポテンシャル，3原子の座標$(\bm{r}^\alpha, \bm{r}^\beta, \bm{r}^\gamma)$に依存する3体ポテンシャル，4原子の座標$(\bm{r}^\alpha, \bm{r}^\beta, \bm{r}^\gamma, \bm{r}^\delta)$に依存する4体ポテンシャルなどの和として表したものである．

$$E = \underbrace{\sum \varphi^{2\mathrm{b}}(\bm{r}^\alpha, \bm{r}^\beta)}_{2\,\text{体項}} + \underbrace{\sum \varphi^{3\mathrm{b}}(\bm{r}^\alpha, \bm{r}^\beta, \bm{r}^\gamma)}_{3\,\text{体項}} + \underbrace{\sum \varphi^{4\mathrm{b}}(\bm{r}^\alpha, \bm{r}^\beta, \bm{r}^\gamma, \bm{r}^\delta)}_{4\,\text{体項}} + \cdots \tag{2.4}$$

つまり，図2.5のように，2体ポテンシャルは結合長$r^{\alpha\beta}$の関数であるが，3体ポテンシャルでは結合長$r^{\alpha\beta}, r^{\alpha\gamma}$に結合角$\theta^\alpha$が加わり，4体ポテンシャルではさらに二面角が加わることになる（二面角については2.5節で解説する）．固体の場合，通常は，計算量の都合で3体ポテンシャルまでで表現することが多い．SWポテンシャルも角度依存の3体ポテンシャルまでが考慮されている．

(a) 2体ポテンシャル　　(b) 3体ポテンシャル

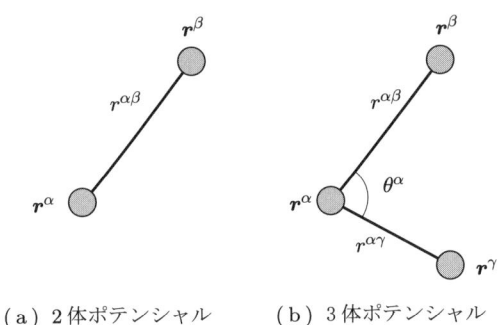

**図 2.5　2体ポテンシャルと 3体ポテンシャル**

SW ポテンシャルは，式 (2.5) のように，原子間距離 $r^{\alpha\beta}$ に依存する 2 体項と，結合角 $\theta^{\alpha}$[*4]に依存する 3 体項の和で表される．ここで，$f_c$ はカットオフ関数，$A, B, \lambda_A, \lambda_B, a, p, h$ がポテンシャルパラメータである．

$$
E = \underbrace{\sum_{\alpha<\beta} \overbrace{f_c(r^{\alpha\beta})}^{\text{カットオフ}} \left\{ A\left(r^{\alpha\beta}\right)^{\lambda_A} - B\left(r^{\alpha\beta}\right)^{\lambda_B} \right\}}_{\text{2 体項}}
$$

$$
+ \underbrace{\sum_{\alpha,\beta<\gamma} a\left\{ [f_c(r^{\alpha\beta})]^p [f_c(r^{\alpha\gamma})]^p \underbrace{(h+\cos\theta^{\alpha})^2}_{\text{角度依存項}} \right\}}_{\text{3 体項}} \tag{2.5}
$$

2 体項の関数形状を図 2.6 に示す．2.2 (2) 項の図 2.11 で示すように，ターソフポテンシャルが 3Å 程度の距離でカットオフ関数によって強制的にポテンシャルを切り捨てているのに対して，SW ポテンシャルはカットオフの距離が長めであり，かつ滑らかに切り捨てられている．

3 体項の $(h+\cos\theta^{\alpha})^2$ の項を図 2.7 に示す．角度依存項では $h = 1/3$ と設定され，ダイヤモンド構造の結合角 $\theta^{\alpha} = 109.47°$ で 3 体項がゼロになる．つまり，$\theta^{\alpha} = 109.47°$ 以外では反発力がはたらくように設定されている．したがって，SW ポテンシャルはダイヤモンド構造が最安定構造となる．ポテンシャルパラメータは，シリコンの凝集エネルギー[*5]，格子定数，融点，液体構造を再現するように合わせ込まれている．

---

[*4] $\theta^{\alpha}$ は $\alpha$ を中心とした $\beta$-$\alpha$-$\gamma$ の結合角（図 2.5(b) 参照）．
[*5] 凝集エネルギーとは，凝集状態である液体および固体の構成原子をたがいに無限に遠く離すのに必要なエネルギーのことである．分子動力学では無限に遠く引き離された状態をエネルギーゼロとしているので，凝集状態のポテンシャルエネルギーが凝集エネルギーに等しい（1.2 (1) 項参照）．

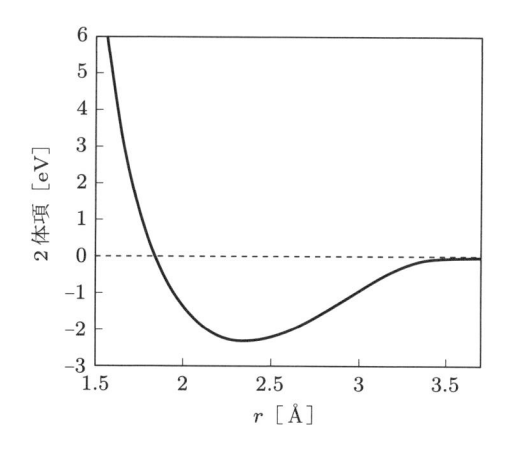

**図 2.6** SW ポテンシャルの 2 体項の関数形状

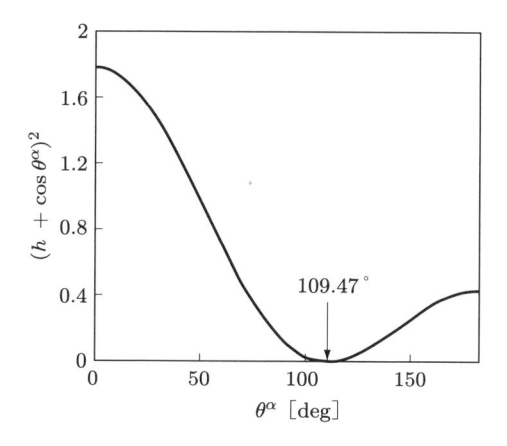

**図 2.7** SW ポテンシャルの 3 体項の関数形状 ($h = 1/3$)

SW ポテンシャルは，格子間シリコンと空孔の平衡濃度/拡散係数算出，転位の生成・移動などの評価，き裂の進展解析，エピタキシャル成長やインプランテーションの評価など，現在でも幅広く用いられている．

## (2) ターソフポテンシャル

共有結合では周囲の環境に応じて，$sp^2$ 混成軌道や $sp^3$ 混成軌道などのように，結合状態が変化する．SW ポテンシャルはダイヤモンド構造の $sp^3$ 結合を再現するように合わせ込まれているため，たとえば，$sp^2$ 結合の記述はできない．この問題を解決するアベルポテンシャルは式 (2.6) で表され，ポテンシャルエネルギーが反発力の第 1 項と，ボンドオーダー（結合次数）$b^{\alpha\beta}$ に依存する引力の第 2 項に分けられている．

$$E = \sum_{\alpha<\beta} \{A\exp\left(-\lambda_A r^{\alpha\beta}\right) - \underbrace{b^{\alpha\beta}}_{\text{ボンドオーダー}} B\exp\left(-\lambda_B r^{\alpha\beta}\right)\} \tag{2.6}$$

ここで，$A, B, \lambda_A, \lambda_B$ はポテンシャルパラメータである．アベルポテンシャルはボンドオーダー $b^{\alpha\beta}$ を配位数 $Z$ の関数として式 (2.7) のように定義している．$\delta$ は系によって異なるポテンシャルパラメータである．

$$b^{\alpha\beta} = Z^{-\delta} \tag{2.7}$$

式 (2.7) の意味を考える．いま，$\delta = 1/2$ とすると，トータルの結合力（引力）はボンドオーダー $b^{\alpha\beta}$ に配位数 $Z$ をかけたものにおおよそ比例すると考えることができるため，式 (2.8) が得られる．

$$E_{\text{bind}} \propto Zb^{\alpha\beta} = ZZ^{-\delta} = \sqrt{Z} \tag{2.8}$$

式 (2.8) をグラフにすると，図 2.8 のようになる．2 体ポテンシャルの結合エネルギーは単純に配位数に比例するので，図 2.8 上に，比較のために $E_{\text{bind}} = Z$ の線をプロットしている．式 (2.8) は，配位数が多くなると（ここでは $Z > 2$）新たな結合をつくる結合エネルギーが減少してしまい，結合がつくりにくくなることを意味している．これは，配位数が大きくなれば，結合をつくるための十分な価電子がなくなり，電子が非局在化して結合間で共鳴し，結合を弱める効果を表現しており，式 (2.7) のような関数形状は局所状態密度の 2 次モーメント近似より導かれる[*6]．金属系の多体ポテン

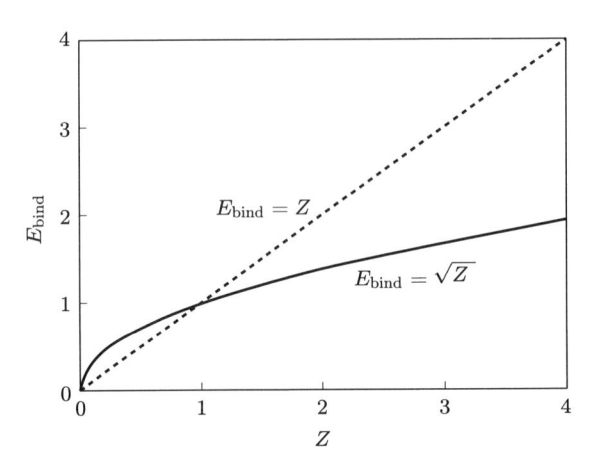

**図 2.8 結合エネルギーの配位数 $Z$ 依存性**

---

[*6] この詳細については，"分子・固体の結合と構造" David G. Pettifor 著，青木正人，西谷滋人 共訳，技報堂出版（1997）に解説がある．

シャルの EAM ポテンシャル（2.3（1）項），FS ポテンシャル（2.3（2）項）でも同じ概念が用いられている．

ターソフポテンシャルは，アベルポテンシャルの考え方を継承し，ボンドオーダー項に新たに結合角依存性を含ませた，共有結合系（シリコン，炭素など）の実用的なポテンシャルとなっている．式 (2.9), (2.10) に具体的な式を示す．$p, q, \eta, \delta, a, c, d, h$ はパラメータである．カットオフは第一近接と第二近接の間に設定されている．

$$b^{\alpha\beta} = \left\{1 + \left(\varsigma^{\alpha\beta}\right)^{\eta}\right\}^{-\delta}, \quad \varsigma^{\alpha\beta} = \sum_{\gamma} \underbrace{g(\theta^{\alpha})}_{\text{角度依存項}} \underbrace{\exp\left\{p(r^{\alpha\beta} - r^{\alpha\gamma})\right\}^{q}}_{\text{結合長依存項}}$$

$$\underbrace{\phantom{\varsigma^{\alpha\beta} = \sum_{\gamma} g(\theta^{\alpha}) \exp\left\{p(r^{\alpha\beta} - r^{\alpha\gamma})\right\}^{q}}}_{\text{すべての近接についての和} \approx \text{配列数}(Z)}$$

(2.9)

$$g(\theta^{\alpha}) = a\left\{1 + \frac{c^2}{d^2} - \frac{c^2}{d^2 + (h - \cos\theta^{\alpha})^2}\right\} \tag{2.10}$$

$\varsigma^{\alpha\beta}$ がアベルポテンシャルにおける配位数 $Z$ に相当する．$\varsigma^{\alpha\beta}$ はすべての最近接原子についての和の形になっており，$\sum$ の中が 1 ならば配位数と等しくなる．ターソフはこの項に式 (2.10) のように，角度依存項 $g(\theta^{\alpha})$ と，結合長依存項（exp の項）を含ませた．とくに，角度依存の効果が大きく，ダイヤモンド構造やグラファイト構造が安定する理由になっている．結合長依存項は，正確には二つの結合の結合距離の差の項であり，結合が頻繁に切り替わる液体構造やアモルファス構造において需要な役割を果たしている．ターソフポテンシャルの適用例およびこの結合長依存項の役割について，【演習問題 1 融点の求め方】，【演習問題 2 固相成長】で取り上げる．

ターソフポテンシャルはボンドオーダーに配位数依存性（$\eta, \delta$ で調整）と同時に，角度依存性 $g(\theta^{\alpha})$ を含むポテンシャルである．このように，まわりの結合の環境（配位数，角度など）に応じて結合力が変化するポテンシャルは，経験的ボンドオーダーポテンシャル（empirical bond order potential: EBOP）とよばれる．ターソフポテンシャルは EBOP の特徴が活かされ，シリコンのダイヤモンド構造の凝集エネルギー，格子定数，体積弾性率を，多形態のシリコン（ダイマー，単層グラファイト構造，単純立方（sc）構造，体心立方（bcc）構造，面心立方（fcc）構造）の凝集エネルギー，格子定数（電子状態計算の結果）とともに再現するようにポテンシャルパラメータが合わせ込まれており，幅広い構造に対して柔軟なポテンシャルとなっている．表面物性を優先させてつくられた T2 ポテンシャルと，T2 ポテンシャルでは非常に小さくなってしまった弾性定数 $C_{44}$ を修正し，弾性定数が 20%の範囲内で一致する T3 ポテンシャ

ルが提案されている．現在使われているのは，ほとんどが T3 ポテンシャル[*7]である．

式 (2.10) の角度依存項をプロットしたものを図 2.9 に示す．SW ポテンシャルとは異なり，ダイヤモンド構造の結合角 109.47° ではなく，126° で最小となっている．これは，必ずしもダイヤモンド構造を優先して合わせ込んでいないことを示している．ボンドオーダー $b^{\alpha\beta}$ の結合角と配位数依存性のグラフを図 2.10 に示す．ボンドオーダーは 126° で最大となる．また，配位数 $Z$ の増加に伴い，ボンドオーダーが減少していることがわかる．この角度依存性と配位数依存性の効果により，グラファイト構

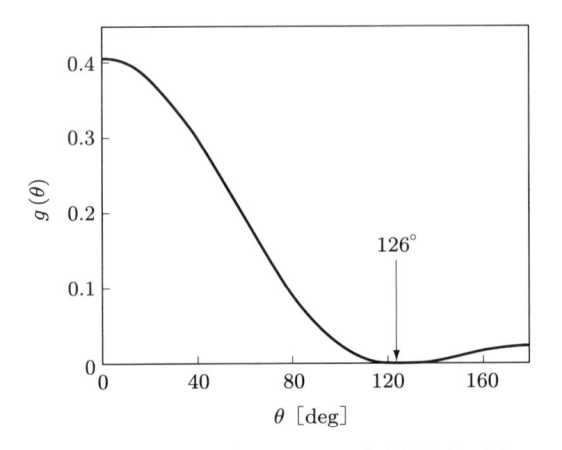

**図 2.9** ターソフポテンシャルの角度依存項 $g(\theta)$

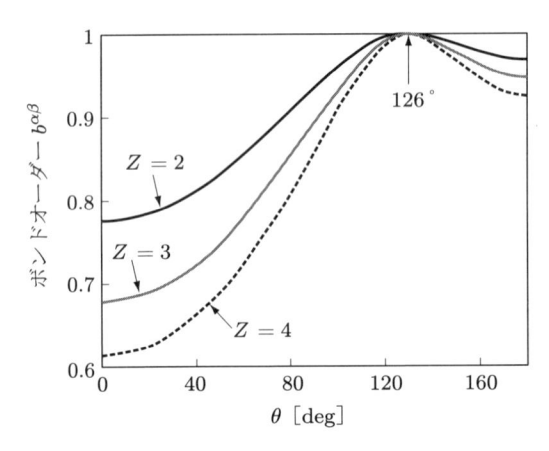

**図 2.10** ターソフポテンシャルのボンドオーダー $b^{\alpha\beta}$ の配位数 $Z$，角度 $\theta$ 依存性

---

[*7] T2, T3 とは，2 番目および 3 番目に提案されたターソフポテンシャルという意味である．最初に提案されたバージョン（T1）は使われていない．

造とダイヤモンド構造など多形態の構造が安定構造となる．

図 2.11 に，ターソフポテンシャルのさまざまな結晶構造のエネルギー曲線（結合長－ポテンシャルエネルギーの関係）を示す．ターソフポテンシャルは結晶構造によってエネルギー曲線が異なり，平衡原子間距離と凝集エネルギー（各構造の最安定エネルギー）が異なる．

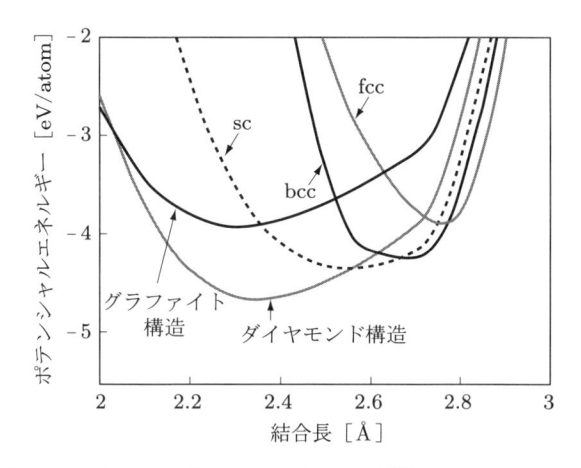

**図 2.11** ターソフポテンシャルを用いて計算した，シリコンのさまざまな結晶構造のエネルギー曲線

図 2.12 に，さまざまな結晶構造の結合長と凝集エネルギーの電子状態計算値との比較を示す．ここで，配位数と構造の関係は，1（ダイマー），3（グラファイト構造），4（ダイヤモンド構造），6（sc 構造），8（bcc 構造），12（fcc 構造）となる．電子状態計算をよく再現していることがわかり，ターソフポテンシャルはさまざまな結晶構造の再現が可能であることがわかる．

炭素についても同様に，ダイヤモンド構造の格子定数と体積弾性率，多形態の凝集エネルギーを再現するようにつくられたポテンシャルが提案されている．適用例を【**演習問題 12** カーボンナノチューブの座屈変形】で取り扱う．炭素のポテンシャルには，その後にターソフポテンシャルを改良する形で提案されたブレーナーポテンシャルも広く用いられている．

ターソフポテンシャルは，SW ポテンシャルと同様に，応用範囲は非常に広い．さまざまな結晶構造を扱えることから，アモルファス構造の種々の性質（弾性定数，表面，界面，結晶成長），固相エピタキシャル成長，インプランテーション，スパッタリング，SIMS 解析，圧力による相変態などに応用されている．また，Si–H 系への拡張や，GaAs 系への拡張が行われている．さらに，$SiO_2$ への拡張も多く行われている．

**図 2.12** さまざまな結晶構造の結合長と凝集エネルギー．
ターソフポテンシャル（○）と電子状態計算（□）の比較．

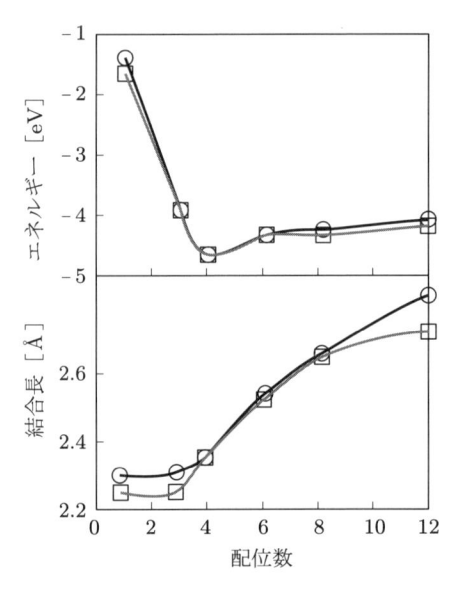

配位数と構造の関係
- 1： ダイマー
- 3： グラファイト構造
- 4： ダイヤモンド構造
- 6： sc 構造
- 8： bcc 構造
- 12： fcc 構造

ターソフポテンシャルはレナードジョーンズポテンシャルの 5 倍程度の計算量となることが報告されている．

【演習問題 1 融点の求め方】，【演習問題 2 固相成長】，【演習問題 5 アモルファス構造の動径分布関数】，【演習問題 12 カーボンナノチューブの座屈変形】でターソフポテンシャルを扱う．

## 2.3　多体ポテンシャル（金属結合系）

### (1) EAM ポテンシャル

EAM は embedded atom method の略称で，埋め込み原子法と訳すことができる．EAM ポテンシャルの形状は式 (2.11) のように，2 体の斥力項と，引力を表す埋め込み関数 $F(\bar{\rho}^\alpha)$ で表される．

$$E = \underbrace{\sum_{\alpha<\beta} V\left(r^{\alpha\beta}\right)}_{\text{斥力}} - \underbrace{\sum_{\alpha} F\left(\bar{\rho}^\alpha\right)}_{\text{引力}} \tag{2.11}$$

$\bar{\rho}^\alpha$ は背景電子密度とよばれ，式 (2.12) のように，部分電子密度 $\rho$ の和となる．

$$\bar{\rho}^{\alpha} = \sum_{\beta \neq \alpha} \rho\left(r^{\alpha\beta}\right) \tag{2.12}$$

背景電子密度は，原子 $\alpha$ のまわりに存在する電子の量を意味し，配位数と密接な関係がある．たとえば，図 2.13 のように，原子 $\alpha$ のまわりに 4 個の近接原子があった場合，背景電子密度は式 (2.13) のように，2 体ポテンシャルのような 2 原子間の距離の関数の足し合わせになる．

$$\bar{\rho}^{\alpha} = \rho\left(r^{\alpha 1}\right) + \rho\left(r^{\alpha 2}\right) + \rho\left(r^{\alpha 3}\right) + \rho\left(r^{\alpha 4}\right) = \sum_{\beta \neq \alpha} \rho\left(r^{\alpha\beta}\right) \tag{2.13}$$

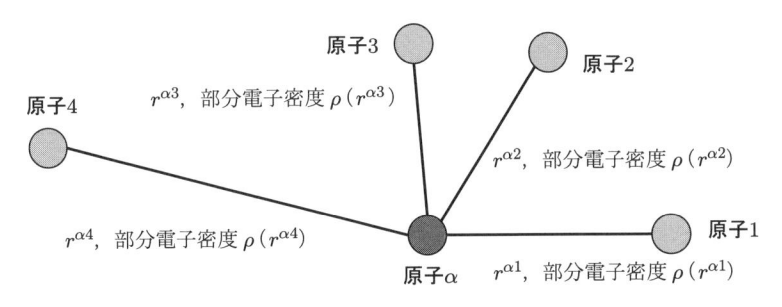

**図 2.13　EAM ポテンシャルの部分電子密度の求め方**

埋め込み関数，部分電子密度の物理的背景は，2.3 (2) 項の FS ポテンシャルと同様なので，後ほど FS ポテンシャルのところで解説する．

2 体項の関数形状，部分電子密度の関数形状，埋め込み関数の関数形状が異なるさまざまな EAM 系ポテンシャルが存在する．具体的な一例として，ミシンポテンシャルの関数形状を図 2.14 に示す．ミシンポテンシャルでは，2 体関数 $V$ に引力の項も入っている．2 体関数はおおよそ第三近接まで，部分電子密度関数 $\rho$ は第一，第二近接をカウントし，埋め込み関数 $-F$ は $\bar{\rho}^{\alpha} = 1$（平衡電子密度）で極小値となり，平衡状態を再現するようにつくられていると考えられる．

EAM ポテンシャルは，fcc 構造，bcc 構造，hcp（六方最密充填）構造の単体金属，Ni–Al, Ti–Al, bcc 元素間合金のパラメータが発表されている．その後も，ミシンらが多くの元素（Al, Ni, Cu, Ni–Al, Ti–Al）についてポテンシャル開発を行っている．

EAM ポテンシャルの提案者であるバスケスは，その後，関数形状の改良とスクリーニング関数，角度項の導入などを施した MEAM (modified EAM) ポテンシャルを提案した．MEAM ポテンシャルも EAM ポテンシャルとならんでよく用いられる．bcc 構造（Li, Na, K, V, Nb, Ta, Cr, Mo, W, Fe），fcc 構造（Cr, Ag, Au, Ni, Pd, Pt, Al, Pb, Rh, Ir），ダイヤモンド構造（C, Si, Ge）の単体金属，およびこれらの 2 元合

![図 2.14 のグラフ (a)(b)(c)]

(a) 2体関数 $V$

(b) 部分電子密度関数 $\rho$

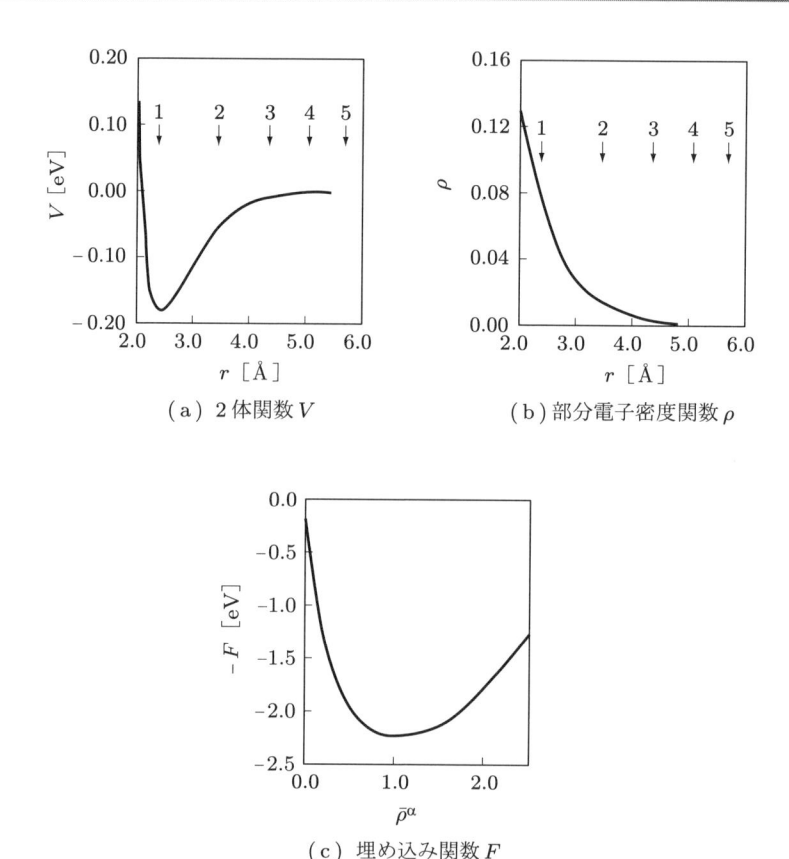

(c) 埋め込み関数 $F$

**図 2.14** ミシンポテンシャルの関数形状．矢印は近接原子距離．

金，hcp 構造（Be, Co, Dy, Er, Gd, Hf, Ho, Mg, Nd, Pr, Re, Ru, Sc, Tb, Tl, Ti, Y, Zr）の単体金属，Ni, Cu, Rh, Pd, Ag, Ir, Pt, Au, Pb, Al の単体および2元合金についてのポテンシャルパラメータが公開されている．

EAM ポテンシャルの計算時間はレナードジョーンズポテンシャルの 2.3 倍，角度依存性を取り入れた MEAM ポテンシャルは 20 倍程度となる．

EAM ポテンシャルの一種である RGL ポテンシャルを，**【演習問題 14 ナノピラーの塑性変形】**で取り扱う．

### (2) FS ポテンシャル

フィニスとシンクレアは，EAM ポテンシャルとほぼ同時期に，式 (2.14), (2.15) の形状のポテンシャルを提案した．提案者のイニシャルをつないで，FS (Finnis - Sinclair) ポテンシャルとよばれている．ここで，$A$ はポテンシャルパラメータである．

$$E = \underbrace{\sum_{\alpha < \beta} V\left(r^{\alpha\beta}\right)}_{\text{斥力}} - \underbrace{\sum_{\alpha} F\left(\bar{\rho}^{\alpha}\right)}_{\text{引力}} \tag{2.14}$$

$$F\left(\bar{\rho}^{\alpha}\right) = A\sqrt{\bar{\rho}^{\alpha}}, \qquad \bar{\rho}^{\alpha} = \sum_{\beta \neq \alpha} \rho(r^{\alpha\beta}) \tag{2.15}$$

EAM ポテンシャルとの違いは，埋め込み関数 $F$ が式 (2.15) のように，背景電子密度 $\bar{\rho}^{\alpha}$ の平方根と定まっている点である．その関数形状を図 2.15 に示す．

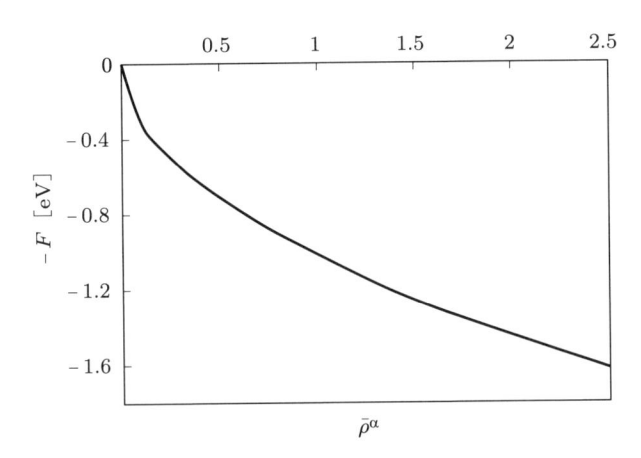

図 2.15 FS ポテンシャルの埋め込み関数

この関数形状は式 (2.6) のアベルポテンシャルとまったく同じ考え方で，式 (2.8) における配位数 $Z$ がおおよそ $\bar{\rho}^{\alpha}$ に対応していると考えることができる．配位数が多いと 1 結合当たりの結合力が減少する効果が取り入れられている．関数形状の違いはあるが，EAM ポテンシャルも同じ思想でつくられている．つまり，ターソフ，EAM，FS ポテンシャルは角度依存項の有無などの違いはあれ，ほぼ同じ思想のポテンシャルといえる．

具体的な例として，鉄に対して提案された 2 体関数 $V$ と部分電子密度関数 $\rho$ はそれぞれ式 (2.16), (2.17) で表される．$c, c_0, c_1, c_2, d, \beta$ はポテンシャルパラメータである．関数形状を図 2.16, 2.17 に示す．

$$V(r) = \begin{cases} (r-c)^2 \left(c_0 + c_1 r + c_2 r^2\right) & (r \leq c) \\ 0 & (r > c) \end{cases} \tag{2.16}$$

$$\rho(r) = \begin{cases} (r-d)^2 + \dfrac{\beta (r-d)^3}{d} & (r \leq d) \\ 0 & (r > d) \end{cases} \tag{2.17}$$

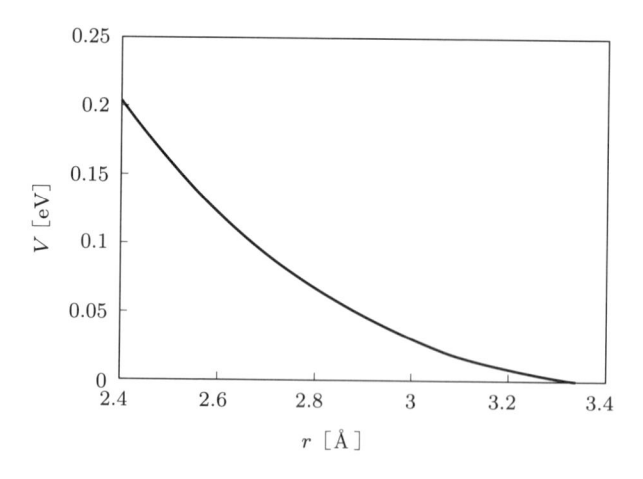

図 2.16 FS ポテンシャルの 2 体関数

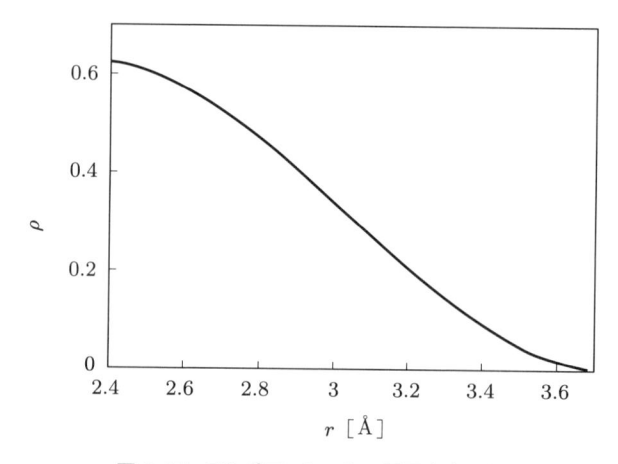

図 2.17 FS ポテンシャルの電子密度関数

　FS ポテンシャルは，EAM ポテンシャルに比べて関数形状が単純であり，コーディングしやすいことから多く用いられてきた．最初の FS ポテンシャルは Fe, Cr, V, Nb, Ta, Mo, W の単体のパラメータが用意された．その後提案されたカットオフが長い長距離 FS ポテンシャルでは，Ni, Cu, Rh, Pd, Ag, Ir, Pt, Au, Pb, Al の単体および 2 元合金が取り扱えるようになっている．

　適用例を【**演習問題 7** 弾性定数の求め方（ひずみ制御）】，【**演習問題 8** 弾性定数の求め方（応力制御）】で取り上げる．

## (3) GEAM ポテンシャル

EAM ポテンシャルや FS ポテンシャルでは，合金を扱う際には，ポテンシャルパラメータを合金用に用意する必要がある．金属の多種の合金への応用を考えると，組合せが非常に多いため，それらのポテンシャルを用意するのは非常に手間がかかる．さらに 3 元系となると，パラメータの数はいっそう増える．

GEAM (generalized EAM) ポテンシャルは，2 元系へ柔軟に対応できるポテンシャルとして広く使われている．このポテンシャルは Cu, Ag, Au, Ni, Pd, Pt, Al, Pb, Fe, Mo, Ta, W, Mg, Co, Ti, Zr の単体および任意の組合せに適用可能であり，fcc, bcc, hcp 構造の元素に同時に適用可能である．

関数の基本形状は，EAM, FS ポテンシャルの式 (2.11), (2.14) と同じである．2 体関数の部分は式 (2.18) のようになっている．$r_e$ は安定構造の平衡結合長に相当する．$f_c^A, f_c^B$ はカットオフ関数である．また，$A, B, \alpha, \beta, \kappa, \lambda$ はポテンシャルパラメータである．

$$
\begin{aligned}
V(r) &= f_c^A(r) A \exp\left\{-\alpha\left(\frac{r}{r_e} - 1\right)\right\} \\
&\quad - f_c^B(r) B \exp\left\{-\beta\left(\frac{r}{r_e} - 1\right)\right\} \\
f_c^A(r) &= \frac{1}{1 + \left(\frac{r}{r_e} - \kappa\right)^{20}}, \qquad f_c^B(r) = \frac{1}{1 + \left(\frac{r}{r_e} - \lambda\right)^{20}}
\end{aligned}
\tag{2.18}
$$

例として，Ni の 2 体関数を図 2.18 に示す．

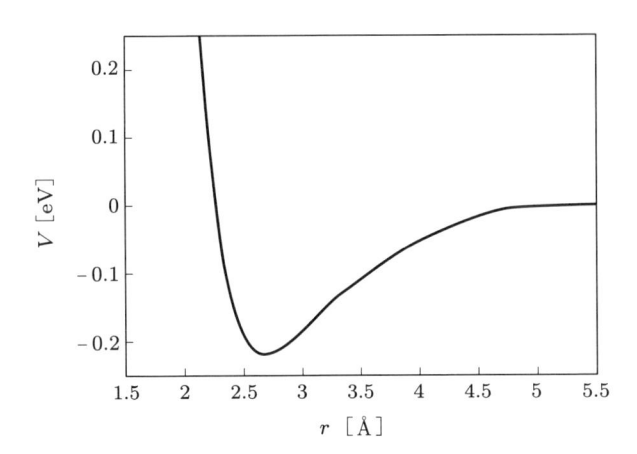

図 2.18 GEAM ポテンシャルの 2 体関数 (Ni)

埋め込み関数は 3 種類の関数の接続によって式 (2.19) のように表現され，一階および二階微分が連続になっている．$F_{ni}(i=0\sim 3)$, $F_i(i=0\sim 3)$, $\rho_e$, $\eta$, $F_e$ はポテンシャルパラメータである．

$$F(\bar{\rho}^\alpha) = \begin{cases} \sum_{i=0}^{3} F_{ni}\left(\dfrac{\bar{\rho}^\alpha}{\rho_n}-1\right)^i, & \bar{\rho}^\alpha < \rho_n & (\rho_n = 0.85\rho_e) \\ \sum_{i=0}^{3} F_i\left(\dfrac{\bar{\rho}^\alpha}{\rho_e}-1\right)^i, & \rho_n \leq \bar{\rho}^\alpha < \rho_o & (\rho_o = 1.15\rho_e) \\ F_e\left\{1-\ln\left(\dfrac{\bar{\rho}^\alpha}{\rho_e}\right)^\eta\right\}\cdot\left(\dfrac{\bar{\rho}^\alpha}{\rho_e}\right)^\eta, & \rho_o \leq \bar{\rho}^\alpha & \end{cases} \tag{2.19}$$

例として，Ni の埋め込み関数を図 2.19 に示す．

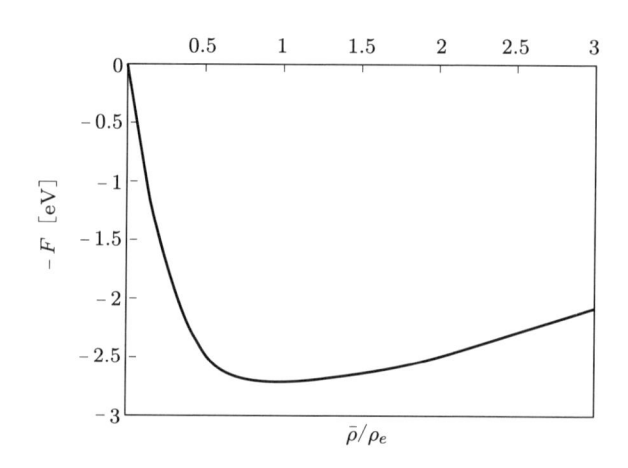

図 2.19 GEAM ポテンシャルの埋め込み関数 (Ni)

背景電子密度関数は，式 (2.20), (2.21) で表される．$f_e$ はポテンシャルパラメータである．部分電子密度は近接原子の種類 $\beta$ にのみ依存するため，異種原子間のパラメータを用意する必要がない．

$$\bar{\rho}^\alpha = \sum_{\beta \neq \alpha} \rho^\beta \left(r^{\alpha\beta}\right) \tag{2.20}$$

$$\rho^\beta(r) = f_c^B(r) f_e \exp\left\{-\beta\left(\dfrac{r}{r_e}-1\right)\right\} \tag{2.21}$$

Ni の部分電子密度関数を図 2.20 に示す．図 2.18〜2.20 の関数形状は，図 2.14 の

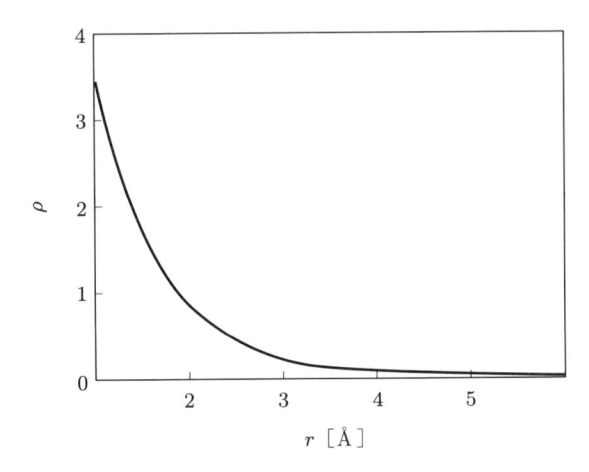

図 2.20　GEAM ポテンシャルの部分電子密度関数（Ni）

ミシンポテンシャル（EAM ポテンシャル）と類似していることがわかる．

もし，原子 $\alpha$ と $\beta$ の原子種が異なる場合は，2 体ポテンシャルを式 (2.22) のように計算すればよく，特別にポテンシャルパラメータを用意する必要がないようにつくられている．$V^{\alpha\alpha}$, $V^{\beta\beta}$ は単元系の場合の 2 体ポテンシャルである（式 (2.18)）．ここで，$\rho^{\alpha}(r)$, $\rho^{\beta}(r)$ は式 (2.21) を用いて計算する．

$$V^{\alpha\beta}(r) = \frac{1}{2}\left\{\frac{\rho^{\beta}(r)}{\rho^{\alpha}(r)}V^{\alpha\alpha} + \frac{\rho^{\alpha}(r)}{\rho^{\beta}(r)}V^{\beta\beta}\right\} \tag{2.22}$$

GEAM には 2001 年と 2004 年に提案されたバージョンがある．本書の例題・演習問題には 2001 年のバージョンを使用している．具体例を【例題 7　原子間ポテンシャルの設定】，【演習問題 4　比熱の算出と材料依存性】，【演習問題 6　拡散係数の求め方】，【演習問題 10　表面エネルギー】，【演習問題 11　界面エネルギー】，【演習問題 13　結晶成長の初期過程】で取り扱う．

## 2.4　イオンポテンシャル

式 (2.23) の BKS（Beest - Kramer - Santen）ポテンシャルは，第 2 項の斥力項と第 3 項の引力項に，第 1 項のクーロン相互作用項が加わっており，$SiO_2$ などのイオン結合を表現する．ここで，$Q^{\alpha}$, $Q^{\beta}$ はそれぞれ原子 $\alpha$, $\beta$ の実効電荷であり，元素によって設定されている．また，$A, B, C$ は原子の組合せに依存するポテンシャルパラメータである．Si–O の例を図 2.21 に示す．

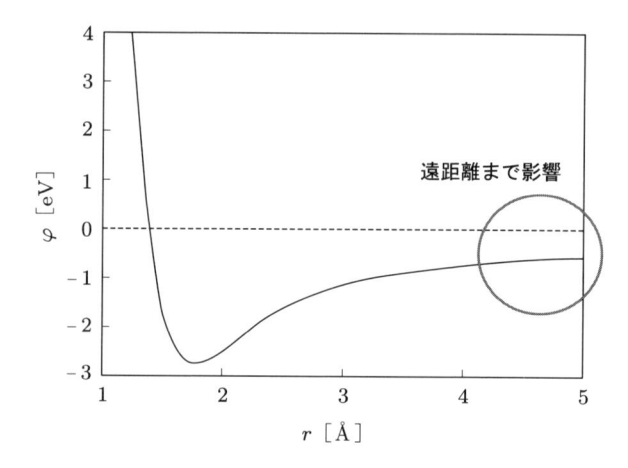

図 2.21 BKS ポテンシャル (Si-O)

$$\varphi(r^{\alpha\beta}) = \underbrace{\frac{Q^\alpha Q^\beta}{r^{\alpha\beta}}}_{\text{クーロン相互作用}} + \underbrace{A\exp(-Br^{\alpha\beta})}_{\text{斥力}} - \underbrace{\frac{C}{(r^{\alpha\beta})^6}}_{\text{引力} \approx \text{共有結合}+\alpha} \qquad (2.23)$$

第1項は $1/r$ の形となっているため，レナードジョーンズポテンシャルとは異なり，非常に長距離まで作用することが特徴である．したがって，1.1節で述べたセルのサイズをポテンシャルの及ぶ範囲より大きく取ることは不可能である．もし，カットオフ関数などによりポテンシャルをむりやり打ち切ると，打ち切り距離前後のポテンシャルの変化が大きすぎて，計算が不安定になる．

このため，イオンポテンシャルを使う際には，周期境界条件の周期性の特徴を活かして，フーリエ変換により，遠方のコピーセルの影響を効率的に計算するエワルド法が用いられる．ただし，エワルド法は計算量が大きく，通常の分子動力学の10倍程度になるといわれている．

式 (2.23) の BKS ポテンシャルでは，電荷 $Q$ の値があらかじめ固定値として設定されている．これは，周期的で欠陥がないバルクの構造に対しては問題ない．しかし，界面や表面・欠陥のまわりでは電荷は局所的に移動するため，これらの系を高精度で扱うためには，電荷の移動を考慮した可変電荷ポテンシャルが必要となる．

以下で，可変電荷ポテンシャルの代表的な手法である QEq （電荷平衡）法について紹介する．QEq 法では，系全体の全静電エネルギーを式 (2.24) で表す．

$$E_{\text{QEq}} = \sum_\alpha (E_0^\alpha + \chi_0^\alpha Q^\alpha) + \sum_{\alpha<\beta} Q^\alpha Q^\beta J^{\alpha\beta} \qquad (2.24)$$

ここで，$E_0^\alpha$ は原子 $\alpha$ の中性状態でのエネルギー，$\chi_0^\alpha$ は原子 $\alpha$ の電気陰性度，$J^{\alpha\beta}$ は原子 $\alpha$–$\beta$ 間の二中心クーロン積分である．二中心クーロン積分の求め方には，さまざまな方法が提案されている．たとえば，各原子上にスレーター型の 1s 軌道の関数を置いて解析的に求める手法が用いられる．この場合，$J^{\alpha\beta}$ は $\alpha$–$\beta$ 間の原子間距離の近似式で定義される（おおよそ $J^{\alpha\beta} \propto 1/r^{\alpha\beta}$ となる）．

式 (2.24) を $Q^\alpha$ で微分したものは，原子 $\alpha$ の電子に対する化学ポテンシャル $\chi^\alpha$ であり，式 (2.25) のように定義できる．

$$\chi^\alpha = \frac{\partial E}{\partial Q^\alpha} = \chi_0^\alpha + J^{\alpha\alpha} Q^\alpha + \sum_{\beta \neq \alpha} Q^\beta J^{\alpha\beta} \tag{2.25}$$

平衡状態では，各原子（総計 $N$ 個）の化学ポテンシャルが等しくなるので，式 (2.26) が成り立つ．

$$\chi^1 = \chi^2 = \cdots = \chi^N \tag{2.26}$$

また，全電荷 $Q_{\text{tot}}$ は一定であるから，式 (2.27) が常に成り立つ．

$$Q_{\text{tot}} = \sum_{\alpha=1}^{N} Q^\alpha \tag{2.27}$$

したがって，式 (2.26) と式 (2.27) は $N$ 個の電荷（$Q^1, Q^2, \cdots, Q^N$）の連立一次方程式（電荷平衡方程式）となり，この方程式を解くことにより，与えられた原子構造の瞬時の電荷の分布を求めることができる（ここで，電荷の移動は原子の移動より十分に速いと仮定している）．連立一次方程式を直接法で解くと解は正確であるが，原子個数が多くなるにつれ計算時間が膨大になる．したがって，共役勾配法などの反復法で解く場合も多く，さまざまな高速化の試みがなされている．

いずれにせよ，可変電荷ポテンシャルでは，MD ステップごとに電荷の分布の計算が必要なため，通常の分子動力学のおおよそ 100 倍以上の計算時間がかかるとされている．

可変電荷ポテンシャルは，ターソフポテンシャルと組み合わせる（$E = E_{\text{Tersoff}} + E_{\text{QEq}}$）ことによって $SiO_2$ などの共有結合系の酸化物に，EAM ポテンシャルと組み合わせる（$E = E_{\text{EAM}} + E_{\text{QEq}}$）ことによって NiO などの金属系の酸化物に適用されている．

## 2.5 分子内・分子間ポテンシャル

高分子などを扱う場合は，個々の原子間結合の挙動よりも，分子鎖としての挙動に着目する場合が多い．つまり，基本的に最初に定義した分子内の結合は切れないと考える．したがって，全体のエネルギーは，図 2.22 のように分子内相互作用と分子間相互作用の和になる．分子内相互作用は分子内の化学結合のエネルギーであり，分子間相互作用は分子間のファンデルワールス相互作用やクーロン相互作用である．

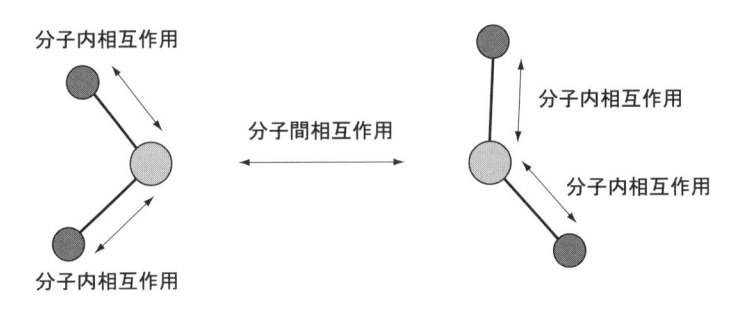

**図 2.22** 分子間ポテンシャルの考え方

例として，有名な分子動力学の汎用ソフトウェアの AMBER（巻末のフリーソフト [4] を参照）で提供されているアンバーフォースフィールド（Amber force field）を紹介する．

アンバーフォースフィールドでは，分子内相互作用は，簡単な 2～4 体ポテンシャルで表され，平衡状態とそのまわりの振動（変形）のバネ定数が実験値と合うように，ポテンシャルパラメータが合わせ込まれている．また，分子間相互作用は，単純なファンデルワールス力とクーロン力で表されている．式 (2.28) に，その関数形状を示す．

$$E = \underbrace{\sum_{\text{bonds}} K_r \left(r^{\alpha\beta} - r_{\text{eq}}\right)^2}_{\text{結合長ポテンシャル}} + \underbrace{\sum_{\text{angles}} K_\theta \left(\theta - \theta_{\text{eq}}\right)^2}_{\text{結合角ポテンシャル}} + \underbrace{\sum_{\text{dihedrals}} \frac{V_N}{2} \left\{1 + \cos\left(n\phi - \gamma\right)\right\}}_{\text{二面角ポテンシャル}}$$

分子内相互作用

$$+ \sum_{\alpha < \beta} \left\{ \underbrace{\frac{A}{(r^{\alpha\beta})^{12}} - \frac{B}{(r^{\alpha\beta})^6}}_{\text{ファンデルワールス力}} + \underbrace{\frac{Q^\alpha Q^\beta}{r^{\alpha\beta}}}_{\text{クーロン力}} \right\} \tag{2.28}$$

分子間相互作用

分子内相互作用において，$r_{\text{eq}}, \theta_{\text{eq}}, \gamma$ は，安定な結合長，結合角度，二面角に相当

する．二面角は図 2.23 のように，四つの原子 $i, j, k, l$ の幾何学的な位置関係で定義される．つまり，$i, j, k$ の属する面と，$j, k, l$ の属する面のなす角度である．また，$K_r, K_\theta, V_N$ はポテンシャルパラメータである．分子間相互作用においては，$A$, $B$, $Q^\alpha, Q^\beta$ がポテンシャルパラメータである．

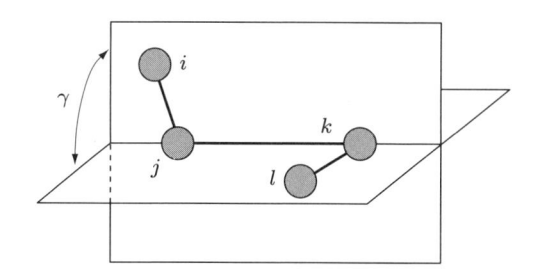

**図 2.23** 二面角 $\gamma$ の定義

## 2.6 最近の原子間ポテンシャルの動向

分子動力学の普及とともに，統一した枠組みでポテンシャルを提供しようという動きがある．ReaxFF[*8]はその一例である．ポテンシャル関数は式 (2.29) のように，ここまでで述べたあらゆる効果が入る形状になっている．加えて，ブレーナーポテンシャルで試みられた，炭化水素系の分子結合を表すための数々の化学反応に対応した補正項（$E_{\mathrm{over}}, E_{\mathrm{under}}, E_{\mathrm{pen}}, E_{\mathrm{conj}}$ など）が盛り込まれている．

$$\varphi = \underbrace{E_{\mathrm{bond}}}_{\text{ボンドオーダー}} + \underbrace{E_{\mathrm{over}}}_{\text{過結合}} + \underbrace{E_{\mathrm{under}}}_{\pi\text{ 結合など}} + \underbrace{E_{\mathrm{val}} + E_{\mathrm{pen}}}_{\text{結合角}} + \underbrace{E_{\mathrm{tors}}}_{\text{ねじれ角}} \\ + \underbrace{E_{\mathrm{conj}}}_{\text{共役系}} + \underbrace{E_{\mathrm{vdWaals}}}_{\text{ファンデルワールス力}} + \underbrace{E_{\mathrm{Coulomb}}}_{\text{クーロン力（電荷移動）}} \quad (2.29)$$

ここで，$E_{\mathrm{bond}}$ はボンドオーダー項を含めた結合エネルギー項である．$E_{\mathrm{over}}$ は過結合時に対応してエネルギーを調整するペナルティー項であり，$E_{\mathrm{under}}$ は炭素系のポテンシャルでは $\pi$ 結合などの結合数が不足している場合に用いられる．$E_{\mathrm{val}}$ は原子価角（＝結合角）の項であり，$E_{\mathrm{pen}}$ はその際の中心原子の過結合と結合不足に対応してエネルギーを調整するペナルティー項である．$E_{\mathrm{tors}}$ は二面角の項，$E_{\mathrm{conj}}$ は分子結合の共役系のための項，$E_{\mathrm{vdWaals}}$ はファンデルワールス力によるポテンシャル項，$E_{\mathrm{Coulomb}}$

---

[*8] ReaxFF とは，ペンシルベニア州立大学の van Duin 教授らによって開発された，結合の生成・解離を取り扱える反応力場（原子間ポテンシャル）である．

はクーロン力によるポテンシャル項であり，2.4節で述べた電荷移動型となっている．このポテンシャルを提案した最初の文献は炭化水素系の分子の化学反応への応用に関するものであったが，その後さまざまな系のポテンシャルパラメータが用意されている．ReaxFFは電荷移動を解くため，レナードジョーンズポテンシャルの250倍程度の計算時間が必要と見積もられている．

## 2.7 原子間ポテンシャルの選定方法

分子動力学計算を始めるにあたって，原子間ポテンシャルの選定はもっとも重要な作業の一つである．2013年現在で，原子間ポテンシャル関数の基本形状は，2章でこれまで扱った範囲のものでおおよそ出そろっており，新しい概念のポテンシャルが今後出てくる可能性は低い[*9]．したがって，まず，提案されている既存の原子間ポテンシャルから候補となるものを選択し，次に，それが計算の目的となる現象を再現するかどうかを調査するというのが標準的な選定方法となる．もし，目的に沿ったポテンシャルが存在しない場合は，自分でポテンシャルを作成する必要が出てくる．ポテンシャル作成については2.8節で述べる．

### (1) 原子間ポテンシャルの選択

2体ポテンシャルは，計算時間が短いことや，ポテンシャル形状が単純で現象の解釈が容易であるなどの理由で用いられているが，一般に，固体系での計算の目的は欠陥（点欠陥，転位，粒界など）の解析であることが多いため，2体ポテンシャルはあまり使われず，多体ポテンシャルが用いられる．金属であるならば，EAM系のポテンシャル（FS, EAM, GEAM, MEAM）が標準的であり，同じ元素に対して，複数のポテンシャル形状・パラメータセットが提案されている．

共有結合性結晶（炭素，シリコンなど）であるならば，SWポテンシャルのような角度依存の項が入ったクラスターポテンシャルか，ターソフポテンシャルやブレーナーポテンシャルのような，低配位数（2～4）の挙動を再現するボンドオーダーポテンシャルが標準的である．前者は構造が変化しない計算に，後者は結晶構造が変化するような構造に向いている．

電荷が大きく偏るようなイオン結合の記述には，クーロン力を入れたイオンポテンシャルが必要となる．さらに，表面や界面など構造が急激に変化する場所では電荷が不均質に分布するため，電荷移動を考えた可変電荷ポテンシャルが必要となる．ただ

---

[*9] 新しく提案されているReaxFFが，既存のポテンシャル関数形状の組合せになっていることがこのことを象徴している．

し，イオンポテンシャルは計算負荷が大きいことが問題である．高分子系のポテンシャルでは，いままでの固体系のポテンシャルと異なり，比較的単純なポテンシャル形状が採用され，パラメータが充実している．高分子系のポテンシャルは，AMBER などの汎用ソフトウェアに標準的に搭載されている．

### (2) 原子間ポテンシャルの再現性調査

候補となるポテンシャルが選択できたら，それらの物性の再現性の調査を行う．残念ながら，原子間ポテンシャルの完成度は高い状況にあるとはいえず，すべての物性値を再現するポテンシャルの開発は不可能であることがわかっている．したがって，ここで重要なことは，計算の目的を明確にして，計算の目的となる現象をポテンシャルが再現しているかという点を調査することである．ただし，目的の現象のみを再現できていればよいというわけではなく，凝集エネルギーや格子定数，弾性定数などのごく基本的な物性の再現も必要である．さもないと，構造が不安的になったり，合金などの 2 元系のポテンシャルへの拡張がしにくくなったりする．ただし，実績のあるポテンシャルのほとんどでは基本的な物性は再現されている．

目的の現象に関してすでに実績があるポテンシャルを選定するのが理想的であるが，もし見つからなければ，いままでに提案されているポテンシャルでの再現性を調べる．

ここでは，どの程度まで定量的に再現できていればよいかという点が問題になる．これは，目的が現象の定量的な再現なのか定性的な再現なのかに依存するが，一般に，分子動力学は経験的なポテンシャルを使うため，定量的評価には向かないとされており，定量的な評価には電子状態計算を並行して用いる場合が多い．分子動力学は定性的なメカニズムの考察に用いられることが多く，たとえば，融点，拡散，結晶成長や材料強度の素過程の考察や，それぞれの現象に及ぼす不純物の影響を多種の不純物で試して比較することなどがよくある使い方の一例である．したがって，必ずしも定量的に現象を再現している必要はない．

実際の適用においては，ポテンシャルの精度だけではなく，モデリングにおける時間スケール・空間スケールのギャップの問題があるため，ポテンシャルの精度だけに定量性を求めても仕方がないという考え方もある．

## 2.8　原子間ポテンシャルの作成方法

目的とする現象に対して適切なポテンシャルが存在しない場合，ポテンシャルを自分で作成する，もしくは既存のポテンシャルを目的に合わせて改良する必要がある．

2.7 節で述べたが，2013 年現在で，ポテンシャル関数の基本形状は本書で取り扱っ

た範囲のものでおおよそ出そろっているが，個々の原子のパラメータ，とくに2元系，3元系のパラメータは整備されているとはいいがたい状況にある．したがって，計算にあたっては，原子間ポテンシャルの作成が必要となる状況はいまだに多くあるのが現状である．

著者の研究グループは，原子間ポテンシャルの開発を支援するソフトウェア（kPot）を無償配布している（http://www.fml.t.u-tokyo.ac.jp/potenfit/）．本プログラムは，熊谷（東京大学 博士論文"固体系における原子間ポテンシャル作成のための枠組みの提案―共有結合・金属結合系への適用―" 2007年）によって開発されたもので，分子動力学の原子間ポテンシャルのパラメータを，遺伝的アルゴリズムによって最適化するソフトウェアである．基本的な物性から特殊な物性まで任意の物性を再現するようにポテンシャルパラメータを合わせ込むことができ，任意元素に対応する機能も追加可能である．また，代表的なポテンシャル関数を備えており，その追加も可能となっている．例題も備わっており，作成方法の習得が可能となっている．

本ソフトウェアの原子間ポテンシャルの作成方針を図2.24に示す．まずは，既存のポテンシャル関数形状の中から結合特性をよく記述できるような関数形状を選ぶ．最初の時点では，EAMポテンシャルやターソフポテンシャルなどの標準的なものを選ぶとよい．次に，合わせ込む物性の選択と収集を行う．合わせ込む物性は二つに分類され，一つ目は凝集エネルギー，格子定数，弾性定数などの共通性のある標準的なデータ（standard fitting data）である．最安定構造を保証するためには，最安定構造だけではなく，ほかの結晶構造（たとえば，ダイマー，グラファイト，sc，ダイヤモンド，bcc，fcc構造など）も再現するようにポテンシャルパラメータを合わせ込む必要

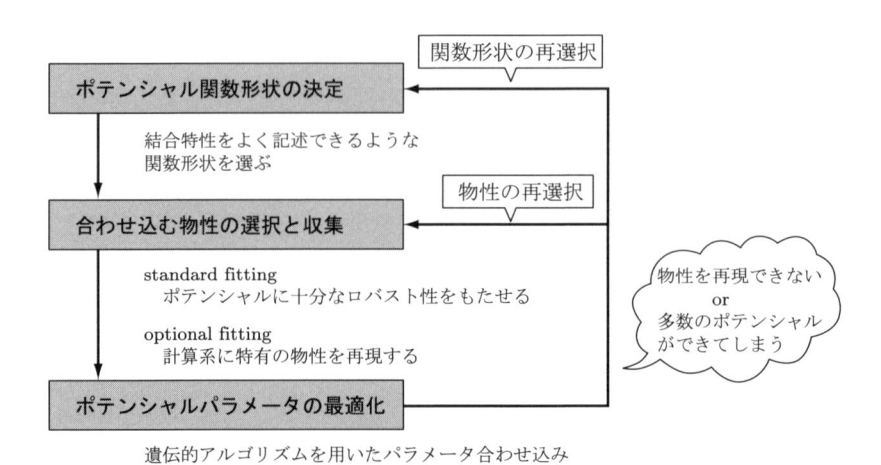

図2.24 原子間ポテンシャルの作成方法

がある．最安定構造以外のデータは実験的には得ることが難しいので，通常は，電子状態計算の結果を用いる．二つ目は，たとえば融点や動径分布関数，フォノン分散曲線など，目的に応じて計算系に特有な物性（optional fitting data）である．解析的に求められない物性値の場合は，分子動力学計算を実際に行って算出する．

この2種類のデータを再現するポテンシャルパラメータの合わせ込みを，遺伝的アルゴリズムを用いて行う．合わせ込みを行っても物性を再現できない場合は，ポテンシャル関数の選択に戻り，関数形状の再設定，改良などを行う．また，あまり関係のない物性値の再現性の優先度を下げることも検討する．逆に，物性を再現するポテンシャルパラメータが複数見つかる場合は，ポテンシャルパラメータに対して再現する物性値が少ないことを意味しているので，合わせ込む物性値を増やすことを検討する．

ポテンシャルの作成例として，アモルファス $SiO_2$ を再現するポテンシャルの作成を紹介する．$SiO_2$ は結晶，非晶質（アモルファス）によらず幅広く利用されており，原子間ポテンシャルの開発例も多い．BKS ポテンシャル（2.4節），SW ポテンシャル（2.2 (1) 項），ReaxFF ポテンシャル（2.6節）などが代表的である．ただし，これまで開発された $SiO_2$ 系のための原子間ポテンシャルは，必ずしも簡易で，さらなる多元素系への拡張が容易とまではいえない．

そこで，今後の $SiO_2$ 系の古典分子動力学計算のために，比較的簡易で拡張性の高いターソフポテンシャルを用いた $SiO_2$ 系のための原子間ポテンシャルの開発を行った．ポテンシャルパラメータを Si–Si 間ポテンシャルパラメータ，Si–O 間ポテンシャルパラメータ，O–O 間ポテンシャルパラメータの3種類に分類し，提案した枠組みにもとづいて，ポテンシャルパラメータの決定を行った．Si–Si 間ポテンシャルパラメータは，ターソフのパラメータセットをもとに，カットオフ距離などの細部を変更した．O–O 間ポテンシャルパラメータは，多形構造（ダイマー，直鎖，グラフェン，ダイヤモンド，sc，bcc，fcc 構造）の平衡原子間距離と凝集エネルギーを再現するように決定した．Si–O 系ポテンシャルパラメータは，SiO 等配構造，架橋型2元系構造，ダイヤモンド系2元系構造，sc 系2元系構造，bcc 系2元系構造，fcc 系2元系構造，SiO 多形結晶構造（$\alpha$ クリストバライト，$\beta$ トリジマイト，高温型石英，低温型石英）の格子定数と凝集エネルギーを再現するように決定した．結晶構造とポテンシャルパラメータなどの詳細は文献[10]に示されている．

開発した原子間ポテンシャルのアモルファスへの適用性を調べるため，これを用いた分子動力学法計算によって，アモルファス $SiO_2$ 構造を作製した．作製のためには，648 個の $SiO_2$ 結晶を 8000 K において 10 ps 間融解させた後，50 K/ps の割合で冷却

---

[10] 熊谷知久, 泉 聡志, "固体系における原子間ポテンシャルパラメータ最適化ソフトウェアの開発", 日本機械学会論文集 A 編, 77-783 (2011), 2026.

を行い，300 K において 200 ps の圧力緩和を行った．作製されたアモルファスの原子構造を図 2.25 に示す．計算では，Si の 95.8% が 4 配位，O の 99.8% が 2 配位となった．また，図 2.26 に示すように，2 体相関布関数のピーク高さは中性子散乱で得られた実験値とはやや異なったものの，ピーク位置についてはおおよそ一致した．また，緩和後の密度は $2.17\,\mathrm{g/cm^3}$ となり，実際の石英ガラスの密度（$2.21\,\mathrm{g/cm^3}$）とおおよそ一致した．

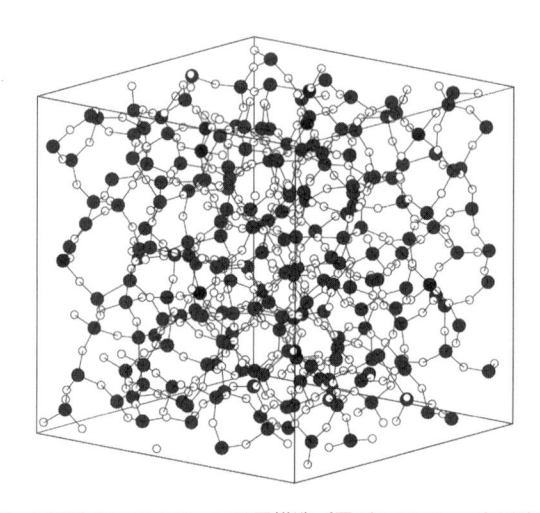

図 2.25　アモルファス $SiO_2$ の原子構造（黒がシリコン，白が酸素原子）

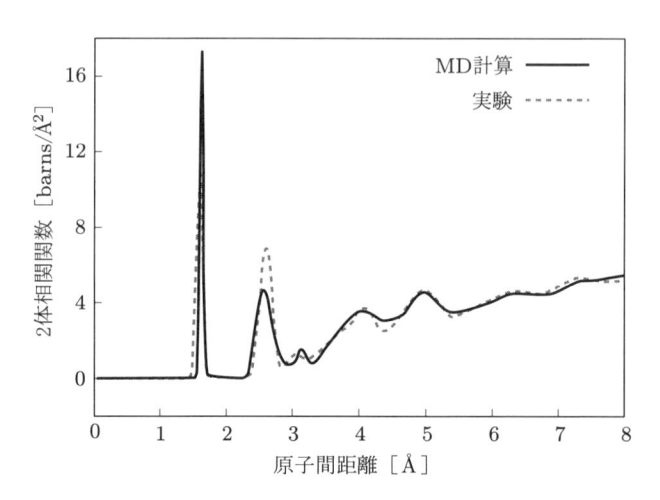

図 2.26　アモルファス $SiO_2$ の Si–O 間の 2 体相関関数

# 実践編

実践編は，分子動力学の実践モデリング（3章）とマルチスケール解析への展開（4章）から構成されている．3章では，理論の理解のための7題の例題と，14題の実践的な演習問題を設けている．分子動力学を実際に行って解くことにより理解を深めてほしい．各問題に必要な理論の知識は，それぞれの問題に対応する理論編の対応部分を記載してあるので，立ち戻って学習してほしい．演習問題の最後の2問は応用問題として少し高度な問題となっている．4章では演習問題の最後の2問に関連して，分子動力学のモデリングの障害となっている空間スケールと時間スケールの問題を解決する最近の手法について紹介する．

# 3章 分子動力学の実践モデリング

## 3.1 分子動力学シミュレーションの実際の手順

具体的な例題・演習問題の前に，汎用ソフトである富士通の SCIGRESS ME の画面を使いながら，分子動力学の実際の手順を説明する．ただし，説明する手順はごく一般的なものであり，特定のソフトウェアに依存したものではなく，ほかのソフトウェアでも類似の手順となる．

図 1.1 の手順より，まずは最初に「①原子を並べる」作業を行う．通常は，図 3.1 のように，fcc, bcc 構造などの単位結晶構造を周期的にコピーすることによって大きな系を作成する．SCIGRESS ME の単位結晶構造選択画面を図 3.2 に示す．基本単位形の中で，bcc, fcc, hcp, sc 構造などを選択する画面になっている．実際には，結晶構造にはさまざまな種類があり，たとえば，2.7 節で述べた $SiO_2$ のような複雑な結晶構造を扱う場合は，この原子を並べる作業は非常に煩雑になる．SCIGRESS ME などの汎用ソフトウェアのモデリングツールや，結晶構造データベースを用いると効率的である．

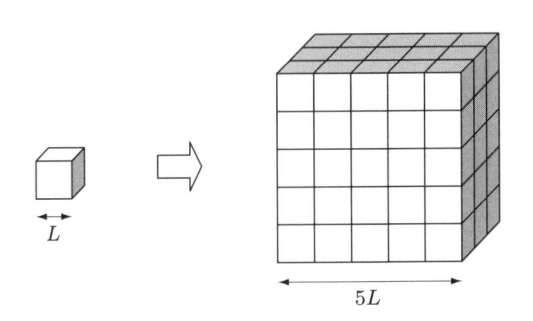

図 3.1 単位結晶構造のコピーによる計算系の作成

原子を並べたら，図 3.3 のように積み重ね数を設定して，構造を周期的にコピーする．次に，周期境界条件の設定のために，図 3.4 のように MD セル構造のセル長を入力する．これは，たとえば，格子定数 $L$ の単位結晶構造を図 3.1 のように 5 倍にコピーした場合は単純に $5L$ となる．$L$ は元素固有の値であるが，使用しているポテンシャル関数によって応力（圧力）がゼロになる平衡結合距離が若干異なる場合もある．

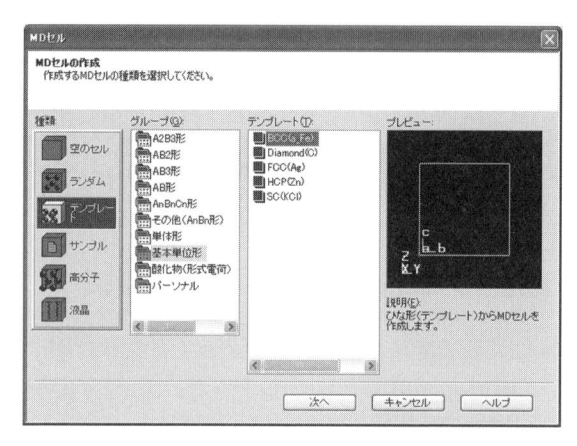

**図 3.2** SCIGRESS ME の単位結晶構造選択画面

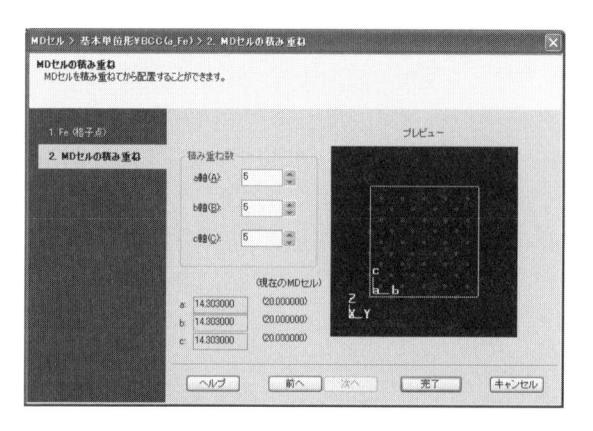

**図 3.3** 基本結晶構造のコピーによる結晶構造作成画面

また，温度が高い場合は熱膨張により大きくなるので，温度が低い場合の $L$ を設定すると，高い圧縮応力が生じる場合がある．したがって，応力がゼロになるように $L$ をあらかじめ設定するか，NTP アンサンブルによって，応力がゼロになる $L$ を求める必要がある．

アモルファス構造などの周期的でない構造を扱う場合は，構造をつくるための分子動力学計算が必要となる．アモルファス構造の場合は，結晶構造を作成して分子動力学計算で溶解させた後に冷却して作成する．

次に，「② 原子にはたらく力を計算する」ために，原子間のポテンシャルを設定する．このポテンシャルは，考慮する原子間の種類すべてについて設定する必要がある．選定においては，2.7 節でも述べたように，計算目的を再現するように事前にポテンシャルの精度をチェックする必要がある．

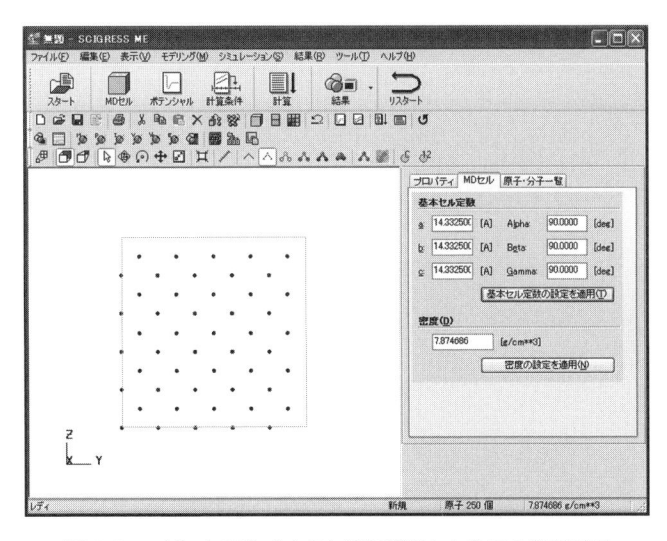

図 3.4 コピーして作成された結晶構造とセル長の設定画面

その次に，各種計算条件を設定する．図 3.5(a) が SCIGRESS ME の計算条件の設定の画面であり，図 3.5(b) が設定した条件である．

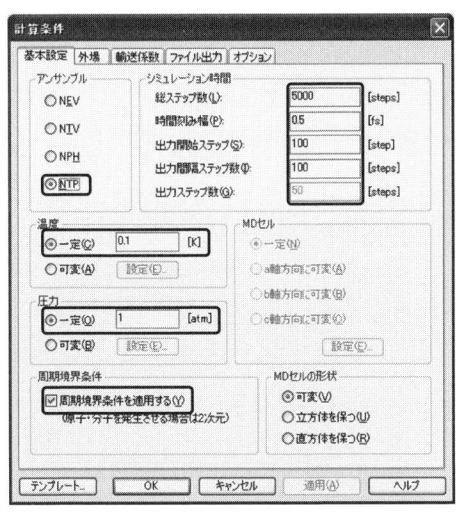

**計算条件**

| アンサンブル | NTP |
|---|---|
| 総ステップ数 | 5000 steps |
| 時間刻み幅 | 0.5 fs |
| 出力開始ステップ | 100 step |
| 出力間隔ステップ | 100 steps |
| 温度 | 0.1 K（一定） |
| 圧力 | 1 atm（一定） |
| 周期境界条件 | 適用する |

(a)  (b)

図 3.5 SCIGRESS ME の計算条件設定画面

設定すべき代表的な項目には，以下のものがある．
- 使用するアンサンブル（物性値の制御の選択）
- 総ステップ数
- 時間刻み幅
- 出力開始ステップと出力間隔ステップ
- 温度
- 圧力
- ブックキーピングの球殻の厚さ（図 3.5(a) の画面には表示されていない）

結果をファイルに出力する際に，ステップごとに出力していてはデータ数が膨大になるため，最初のステップと，出力する間隔を設定することが多い．

以上の計算条件の設定後に，分子動力学計算を行う（図 1.1 の「③差分法で原子を

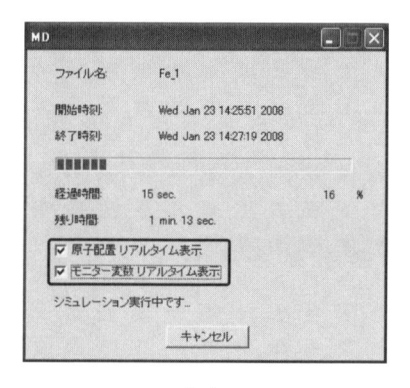

(a)

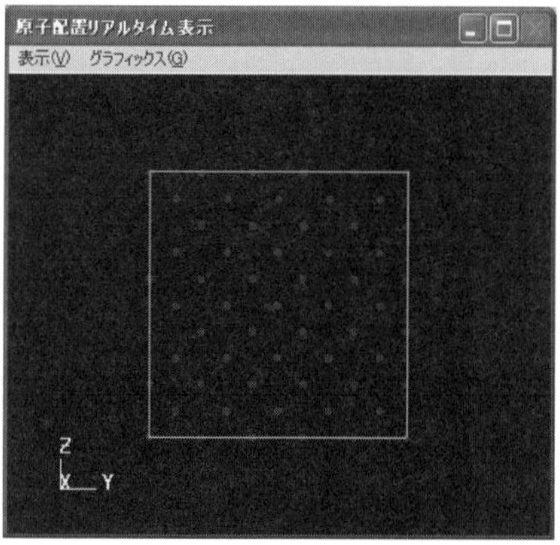

(b) 原子配置リアルタイム表示 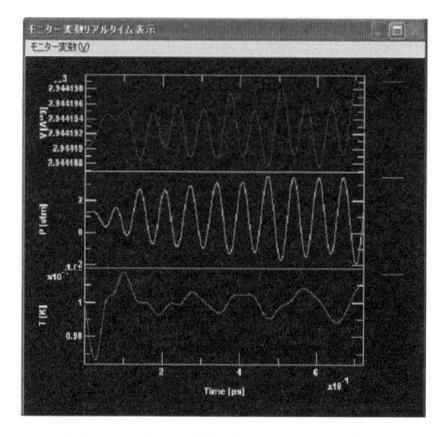　　　　　(c) モニター変数リアルタイム表示

図 3.6　計算実行状況の確認

少し動かす」,「④物性値を算出して系を制御する」).図 3.6 のように,分子動力学の計算の間に計算結果をリアルタイムに表示させると計算時間が極端に遅くなる場合があるので,計算結果が間違っていないかどうかのチェックの目的には必要であるが,極力結果を表示しないほうが効率的である.

分子動力学計算が終わったら,「⑤結果を分析する(二次解析)」を行う.たとえば,図 3.7 の SCIGRESS ME の計算結果表示画面では,$x, y, z$ 方向のセルサイズ $a, b, c$ と圧力 $P$ が表示されている.それぞれの値はゆらぎをもつため,平均値をあるステップ間で求める必要がある.図 3.8 は計算結果の平均値を算出している画面である.1.1 節でも述べたが,一般に,計算開始直後は人為的な配置の影響を受けるため,図 3.8 のように,計算の後半部分の平均を取る場合が多い.

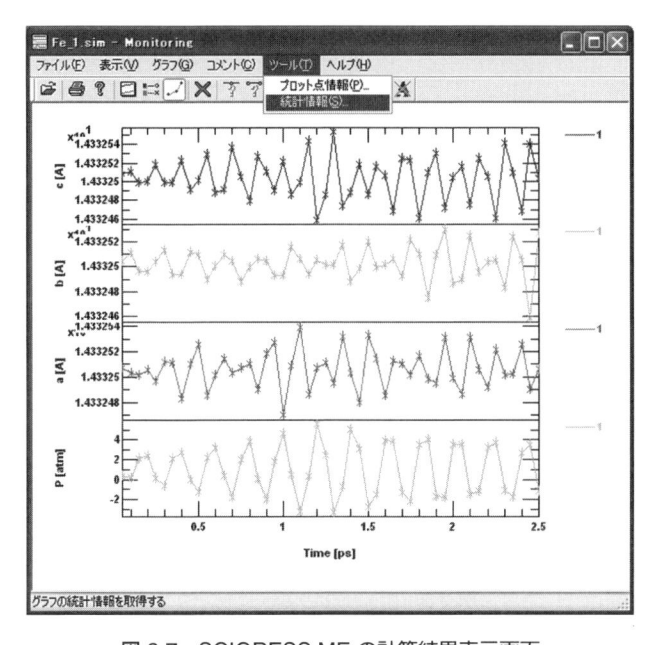

図 3.7 SCIGRESS ME の計算結果表示画面

現象の観察のためには,原子座標の変化を見ることが有効である.表示方法にはさまざまな形式があり,目的に応じて使い分ける必要がある.

たとえば,図 3.9(a) のように原子のみを表示する方法と,図 3.9(b) のように原子の軌跡を線で表示する方法,図 3.9(c) のように結合を表示する方法がある(原子と結合の両方を表示する場合もある).拡散などの原子の動きを追跡した場合は,軌跡表示が有効である.結合表示は,シリコンなどの共有結合結晶の場合の可視化に適している.そのほか,原子温度や応力,配位数,結晶の対称性のパラメータなどによって原子

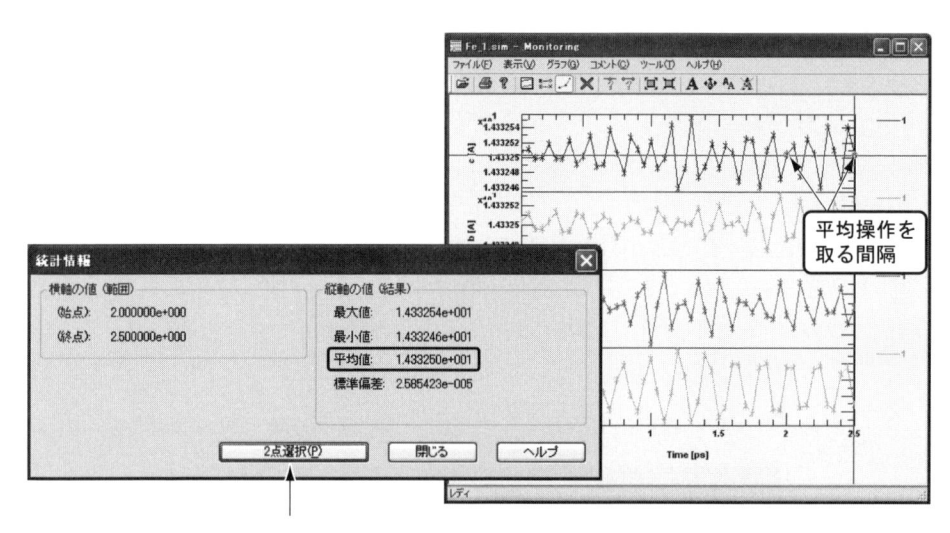

図 3.8　SCIGRESS ME の計算結果の平均値算出画面

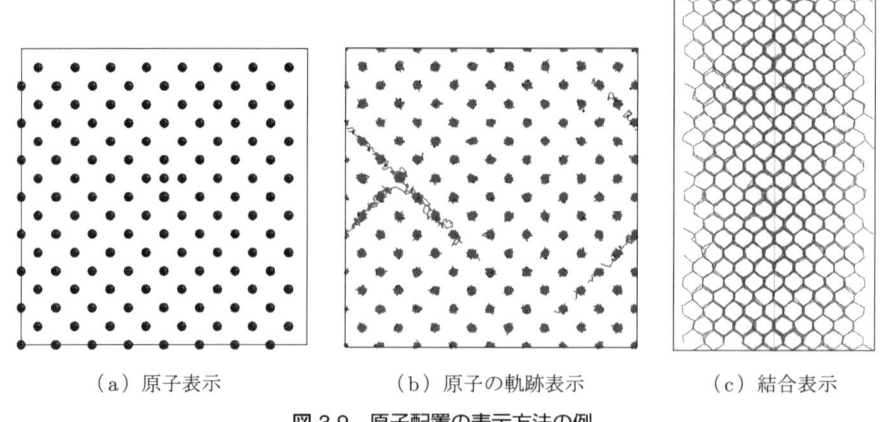

(a) 原子表示　　(b) 原子の軌跡表示　　(c) 結合表示

図 3.9　原子配置の表示方法の例

を色付けして表示する方法もある．本書では，ほとんどの表示を SCIGRESS ME で行っているが，【演習問題 14 ナノピラーの塑性変形】の転位の表示にのみ Atomeye（巻末のフリーソフト [5]）を使用している．

## 3.2　例　題

1, 2 章で解説した分子動力学の理論をより理解するため，ここでは，系のサイズや差分法の時間刻み，ブックキーピングの設定，各アンサンブルの特徴などの基礎的な例題を取り上げる．本節の検討は，計算の基本的な検証のために重要である．

### 例題 1　セルサイズの設定

Ni の {001} 系（$x, y, z$ 軸が [100], [010], [001] 方向）の fcc 完全結晶の分子動力学計算を行う．レナードジョーンズポテンシャルを使用し，適切なセルサイズを設定せよ．ただし，レナードジョーンズのポテンシャルパラメータは，$\varepsilon = 8.3253919 \times 10^{-20}$ J, $\sigma = 2.282$ Å とする（式 (2.1) 参照）．カットオフ距離 $r_c$ は，ポテンシャルの影響が十分にゼロに近づく 7.0 Å とする．

☞「1.1 原子を並べる」**ポイント 1**，「2.1 2 体ポテンシャル」

**解答**

式 (1.1) より，カットオフ距離 $r_c$ を用いて $r_c < L/2$ を満たすセルサイズ $L$ を求める．Ni の格子定数は $a = 3.524$ Å であることから，セルサイズは $L = N \times a$（$N$ は整数）と設定できる．よって，$N > 2r_c/a = 3.97$ とする必要があることがわかる．これを検証するために，$N = 1, 3, 5$ を採用する．計算条件を表 3.1 に示す．なお，本書で用いる差分法はすべて 1.3 節で述べたギア法であり，5 ステップ前までの情報を使って高精度化（5 次のギア法とよぶ）を行っている．

**表 3.1　計算条件表**

| アンサンブル | NTV |
|---|---|
| 温度 | 298 K |
| 総ステップ数 | 5000 steps |
| 時間刻み幅 | 1 fs |
| ポテンシャル | レナードジョーンズ |
| カットオフ距離 | 7 Å |

図 3.10 に，$N = 1, 3, 5$ の場合の 1 原子当たりのポテンシャルエネルギーの時刻歴を示す．図からわかるように，系が小さい $N = 1, 3$ のエネルギーが，$N = 5$ のエネルギーよりも高くなってしまっている．これは，セルサイズが小さく，遠方の原子の相互作用が計算に含まれないためであり，適切なセルサイズが設定されていない証拠である．ここで，$N$ を 5 より大きくしても，結果は $N = 5$ の場合と変わらない．

したがって，$\underline{L = 5 \times a = 17.62 \text{ Å 以上}}$ **答** が必要である．

参考に，ポテンシャル形状とカットオフ距離の関係を図 3.11 に示す．図より，エネルギーが十分にゼロに近づいたところでカットオフが行われていることがわかる．

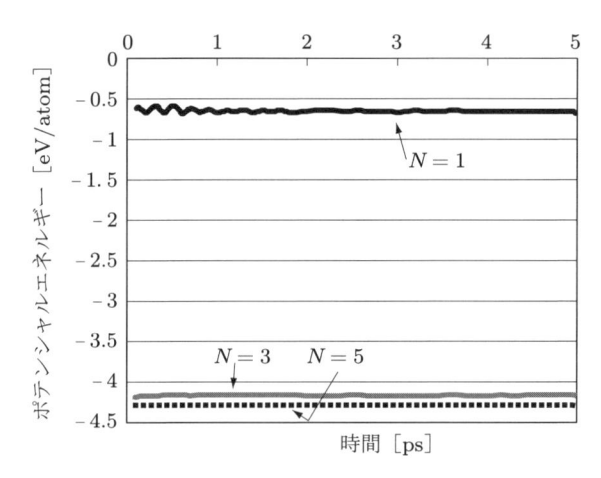

図 3.10　セルサイズの影響によるポテンシャルエネルギーの時刻歴の違い

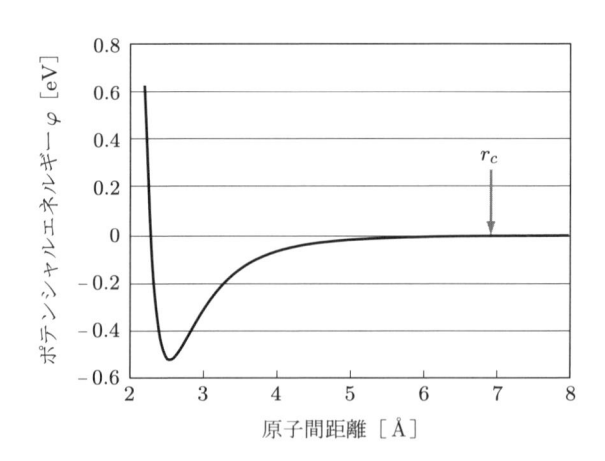

図 3.11　レナードジョーンズポテンシャルのカットオフ距離

### 例題 2　適正な初期状態の設定

【例題 1】で設定したように，Ni の fcc 完全結晶のユニットセルを $5 \times 5 \times 5$ に積み重ねる．そこで，任意の原子を一つ動かして，近接原子に近づける操作を行う．近づける距離に応じて，何が起こるか観察せよ．ただし，ポテンシャルにはモースポテンシャルを用いよ．ポテンシャルパラメータは $D = 0.4279\,\mathrm{eV}$, $\alpha = 1.3917\,\text{Å}^{-1}$, $r_0 = 2.793\,\text{Å}^{-1}$ とする（式 (2.2) 参照）．

☞「1.1 原子を並べる」**ポイント 2**，「2.1 2 体ポテンシャル」

### 解答

ここでは，図 3.12 のように，原子間距離 $d$ として次の三つのケースを設定して現象を観察する．

**ケース1**：$d = 2.49184\,\text{Å}$（完全結晶の位置）
**ケース2**：$d = 1.52594\,\text{Å}$（格子間の位置）
**ケース3**：$d = 0.498369\,\text{Å}$（2原子が非常に近づいた位置）

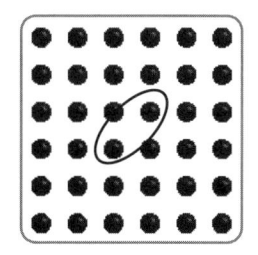

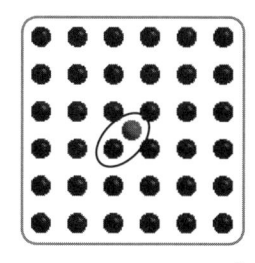

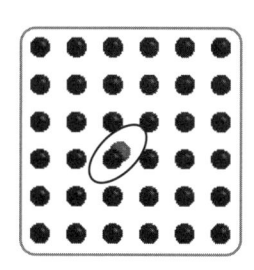

ケース1：$d = 2.49184\,\text{Å}$   ケース2：$d = 1.52594\,\text{Å}$   ケース3：$d = 0.498369\,\text{Å}$

**図 3.12**　初期状態の設定

各原子間距離 $d$ をモースポテンシャル関数にプロットしたものを図 3.13 に示す．図より，ケース3は非常にエネルギーが高い位置に設定されていることがわかる．

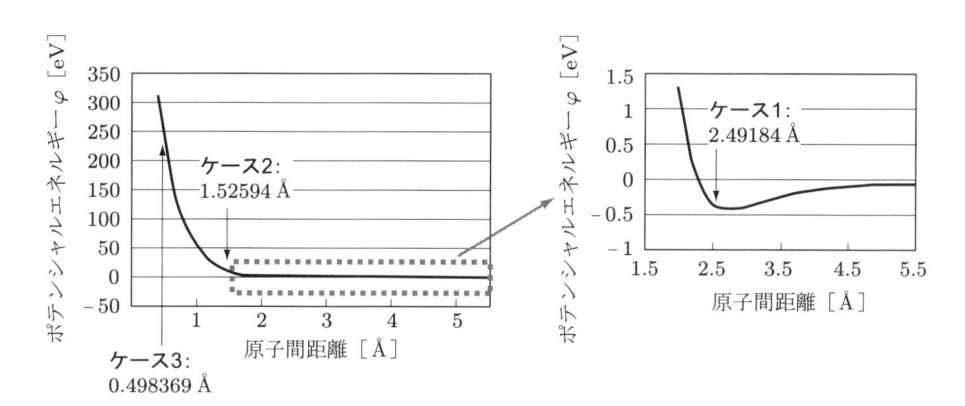

**図 3.13**　モースポテンシャルにおける各原子間距離 $d$ の位置

計算条件を表 3.2 に示す．圧力ゼロを実現するために NTP アンサンブルを用いる．ここで，圧力が大気圧の 1 atm（= 0.101325 MPa）になっているが，固体系の計算においては，1 atm は無視できるほど小さく，実質ゼロと考えることができる．

ケース1では系に変化はなく，完全結晶を保つ．ケース2のスナップショットを

表 3.2　計算条件表

| アンサンブル | NTP（立方体維持） |
|---|---|
| 総ステップ数 | 5000 steps |
| 時間刻み幅 | 1 fs |
| 温度 | 0.01 K |
| 圧力 | 1 atm |
| ポテンシャル | モース |
| カットオフ距離 | 7 Å |

図 3.14 に示す．2 原子間の斥力は大きくなく，格子間に置いた原子は，元の位置に戻って，格子は完全結晶となり安定する．

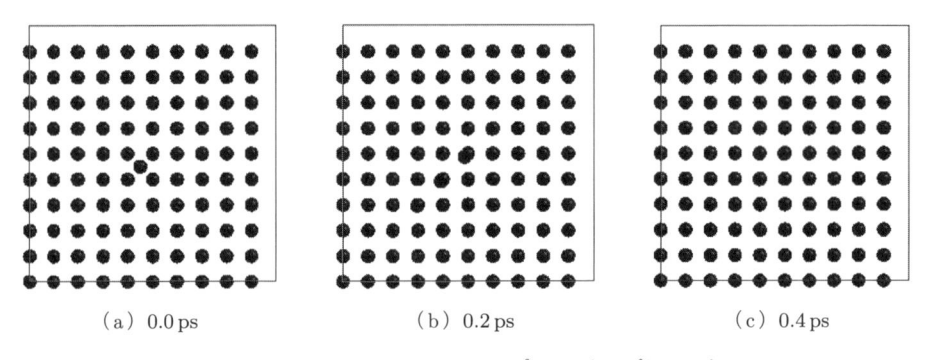

(a) 0.0 ps　　(b) 0.2 ps　　(c) 0.4 ps

図 3.14　ケース 2：$d = 1.52594$ Å のスナップショット

ケース 3 の結果を図 3.15 に示す．大きなエネルギーが系に与えられたことにより，系は大きく膨張（爆発）してしまう．このような現象は人為的な初期配置が原因であ

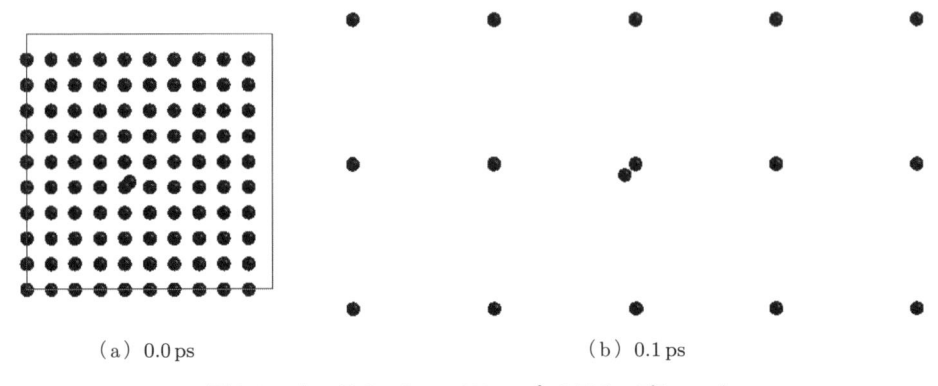

(a) 0.0 ps　　(b) 0.1 ps

図 3.15　ケース 3：$d = 0.498369$ Å のスナップショット

り，分子動力学計算においてしばしば起こる．このような初期状態にならないために，注意が必要である．

したがって，初期の原子間距離が不自然に近い場合，局所的に高エネルギー状態となり，計算が発散する 答．

---

**例題 3** 初期緩和計算

【例題 1】と同様に，Ni の fcc 完全結晶のユニットセルを $5 \times 5 \times 5$ に積み重ねる．その後，NEV（エネルギー，体積一定），NTP（等温，等圧）アンサンブルの計算を行い，エネルギーの時刻歴を観察せよ．ただし，ポテンシャルはモースポテンシャルを用いよ（【例題 2】参照）．

☞「1.1 原子を並べる」**ポイント 2**
　「1.4 物性値を算出して制御する」**ポイント 7**，「2.1 2 体ポテンシャル」

---

**解答**

1.1 節で解説したとおり，分子動力学では，初期位置，速度を人為的に与えるため，自然な状態になるまで緩和計算する必要がある．加えて，等圧アンサンブルでは，圧力が一定になるためにも緩和が必要なため，より長い緩和計算が必要となる．

計算条件を表 3.3 に示す．

**表 3.3 計算条件表**

| アンサンブル | NEV，NTP |
|---|---|
| 温度 | 298 K |
| 圧力 | 1 atm |
| 総ステップ数 | 100000 steps |
| 時間刻み幅 | 1 fs |
| ポテンシャル | モース |
| カットオフ距離 | 7 Å |

NEV アンサンブルの結果として，エネルギーの時刻歴を図 3.16 に示す．最初の 10 ps はエネルギーの変動が大きく，人為的な初期設定の影響がみられるが，その後はエネルギーがほぼ一定となり，平衡状態に達していると考えられる．

NTP アンサンブルの結果を図 3.17 に示す．圧力制御の効果のため，NEV アンサンブルよりエネルギーのゆらぎが大きいことがわかる．緩和には NEV アンサンブルと同様，おおよそ 10 ps 要していることがわかる．このような初期設定の影響を考慮

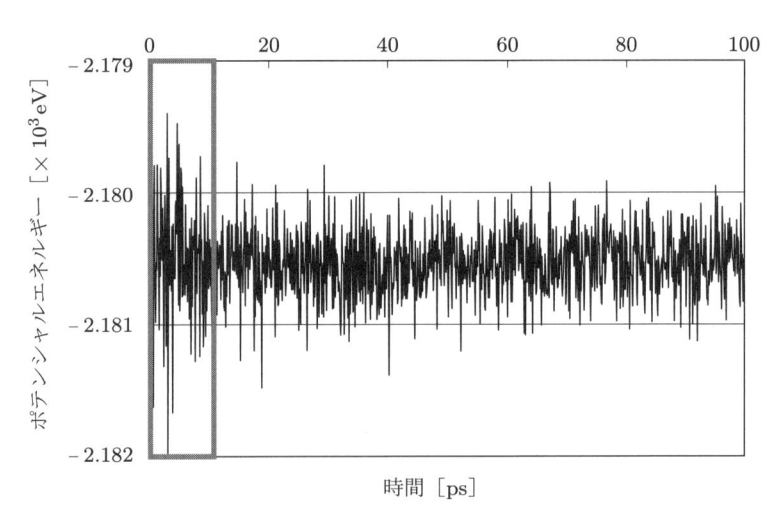

図 3.16　NEV アンサンブルの緩和過程

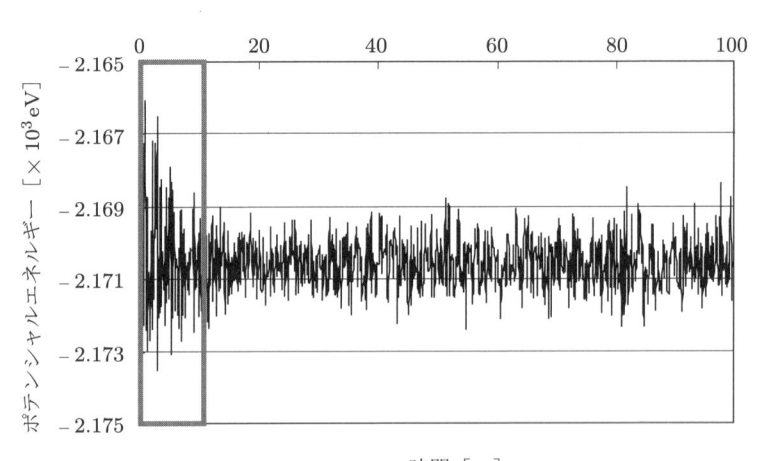

図 3.17　NTP アンサンブルの緩和過程

して，分子動力学では通常，最初の数十 ps の計算の結果は評価には使わない．

　本例題は，完全結晶でかつ平衡に近い状態を初期値としているため，平衡状態に達するのが比較的早いが，アモルファス構造や表面，欠陥などを含む構造では，平衡状態に達するのが非常に遅い場合もある．その際は，エネルギーの平均値の低下などをモニタしながら平衡状態への到達を判断する必要がある．

　まとめると，NEV, NTP ともに，初期の数十 ps はエネルギーのゆらぎが大きく，その後平衡状態に近づいていく 答.

## 例題 4　ブックキーピング法の設定

【例題 3】と同様の系において，温度が 298 K（固体）と 2000 K（液体）のそれぞれの場合のブックキーピングの球殻の厚さ（d$r$）の最適値を求めよ．ただし，NTV アンサンブル（温度，体積一定）とする．

☞「1.2（3）ブックキーピング法」**ポイント 3**，「2.1　2 体ポテンシャル」

**解答**

ここでは 1.2（3）項で説明したように，球殻の厚さ d$r$ を設定し，移動距離が d$r$ の半分以上になった原子が生じた時点で台帳を更新するアルゴリズムを用いる．

計算条件を表 3.4 に示す．ここでは d$r$ = 0.2, 0.5, 1.5, 2.5 Å の計算を行い，d$r$ の最適値を求める．d$r$ の設定はブックキーピング法の台帳設定のみに影響を与え，分子動力学の計算結果には影響を与えない．

表 3.4　計算条件表

|  | 固体系 | 液体系 |
| --- | --- | --- |
| アンサンブル | NTV | |
| 温度 | 298 K | 2000 K |
| 総ステップ数 | 10000 steps | |
| 時間刻み幅 | 1 fs | |
| ポテンシャル | モース | |
| カットオフ半径 | 7 Å | |

球殻の厚さと計算時間の関係を図 3.18 に示す．固体系の場合は原子構造はほとんど変化せず，台帳の更新の必要がほとんどないため，球殻が薄ければ薄いほど計算時間が少なくなる．したがって，ここでは d$r$ = 0.2 Å がもっとも計算時間が短くなる．ただし，系に欠陥などが含まれ，大きな原子変位が生じる場合は，台帳の更新が頻繁に必要になってくるので，あまり d$r$ を小さく設定しすぎないよう注意が必要である．

一方，液体では原子構造は頻繁に変化するため，台帳の更新の必要が出てくる．球殻が 0.2 Å のように薄いと台帳の更新が頻繁になり，計算効率は低下する．逆に，1.5 Å のように厚いと，台帳の更新頻度は低いが，台帳が大きくなり，原子間距離の計算量が増えることによって計算効率は下がってしまう．この計算の中では，中間の 0.5 Å が最適な値であることがわかる．

したがって，固体では d$r$ = 0.2 Å，液体では d$r$ = 0.5 Å が最適値　**答**．

76　3章　分子動力学の実践モデリング

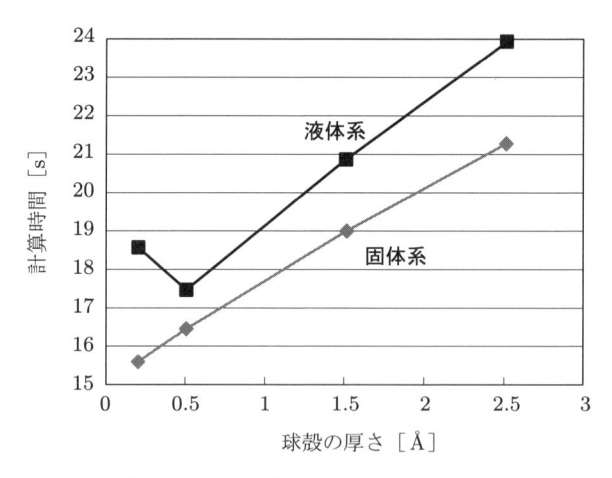

図 3.18　ブックキーピングの球殻の厚さ $dr$ と計算時間の関係

---

**例題 5**　差分法の時間刻みの設定

【例題 3】と同様の系（298 K）において，差分法の時間刻み幅を 0.1〜10.0 fs まで変化させてエネルギーの時刻歴を比較することによって，最適な時間刻み幅を設定せよ．ただし，アンサンブルは NTV アンサンブルとする．

☞「1.3 差分法で原子を動かす」**ポイント 5**，「2.1 2 体ポテンシャル」

---

**解答**

【例題 1】でも説明したが，本書では差分法として 5 次のギア法を用いている．計算条件を表 3.5 に示す．3 ケースとも同じ総時間の計算であるため，時間刻みが短いほうがより多くの MD ステップが必要となる．

$\Delta t = 0.1$ fs と $\Delta t = 1.0$ fs の結果を図 3.19 に示す．横軸は 0.1 ps ごとにプロットしている．二つのグラフは完全に重なっているため，両者は適正な時間刻みであるといえる．

表 3.5　計算条件表

| アンサンブル | NTV | | |
|---|---|---|---|
| 温度 | 298 K | | |
| 総ステップ数 | 500 steps | 5000 steps | 50000 steps |
| 時間刻み幅 | 10.0 fs | 1.0 fs | 0.1 fs |
| ポテンシャル | モース | | |
| カットオフ距離 | 7 Å | | |

一方，$\Delta t = 10.0\,\mathrm{fs}$ とした場合は，図 3.20 のように，系のエネルギーが突然大きくなるなど，系が不安定になってしまった．したがって，このような大きな時間刻みは採用すべきではない．

$\Delta t = 1.0$ と $\Delta t = 0.1$ は結果は同じなので，総ステップ数の小さい $\Delta t = 1.0$ のほうがよい．よって，$\Delta t = 1.0\,\mathrm{fs}$ が適正 【答】 であることがわかる．

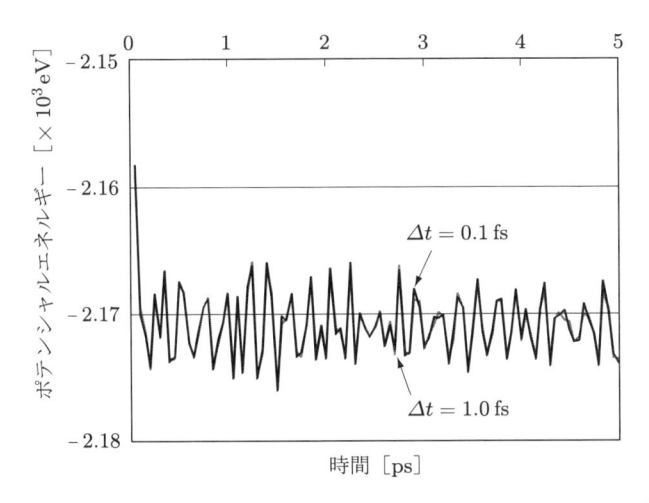

図 3.19　差分法の時間刻み幅 $\Delta t = 0.1\,\mathrm{fs}$（黒），$1.0\,\mathrm{fs}$（灰色）の場合のエネルギーの時刻歴

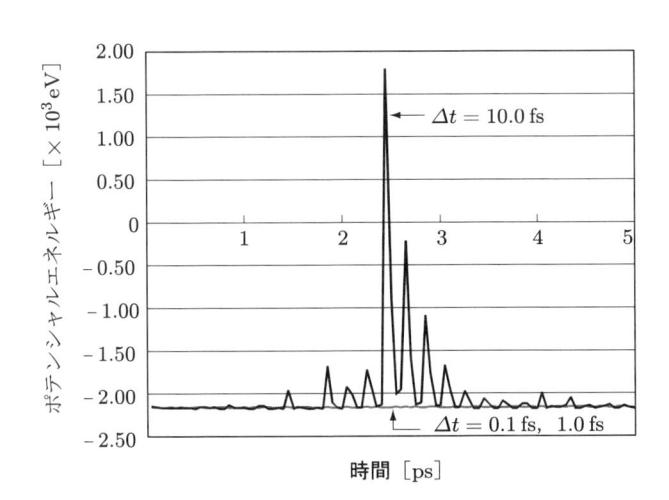

図 3.20　差分法の時間刻み幅 $\Delta t = 0.1\,\mathrm{fs}$（灰色），$1.0\,\mathrm{fs}$（灰色），$10.0\,\mathrm{fs}$（黒）の場合のエネルギーの時刻歴

> **例題 6** アンサンブルによる物性値のゆらぎの違い
>
> 【例題 3】と同様の系において，NEV（エネルギー，体積一定），NTV（温度，体積一定），NTP（温度，圧力一定）アンサンブルの計算を行い，体積，温度，圧力，ポテンシャルエネルギー，全エネルギーの変化を観察せよ．
> ☞「1.4 物性値を算出して系を制御する」**ポイント 6**，**ポイント 7**
>   「2.1 2 体ポテンシャル」

**解答**

計算条件を表 3.6 に示す．NEV アンサンブルでは，原子の初期速度として 298 K 相当の速度が与えられているが，その後の温度制御は行われない．NTV, NTP アンサンブルの温度制御は，ステップごとのスケーリング法で行われている．

表 3.6 計算条件表

| アンサンブル | NEV | NTV | NTP |
|---|---|---|---|
| 温度 | — | 298 K | |
| 圧力 | — | — | 1 atm |
| 総ステップ数 | 5000 steps | | |
| 時間刻み幅 | 1.0 fs | | |
| ポテンシャル | モース | | |
| カットオフ距離 | 7 Å | | |

NEV, NTV, NTP アンサンブルの圧力，体積，温度，全エネルギー，ポテンシャルエネルギーの時刻歴を図 3.21(a)～(e) に示す．初期の 1 ps 程度は平衡状態になっていないと考えられるため，評価から除外する．

NEV アンサンブルでは，図 3.21(d) より，全エネルギーがほとんどゆらぎをもたず，一定となっていることがわかる．図 3.21(a), (e) の圧力，ポテンシャルエネルギーのゆらぎは NTV, NTP より小さいこともわかる．これは，圧力や温度の強制的な制御を行っていないためである．また，図 3.21(c) からわかるように，温度は制御されていないため，初期設定の 298 K にはならず，ポテンシャルエネルギーへのエネルギー再配分により，半分程度の温度まで下がって，ゆらぎをもちつつ一定となっている．

NTV アンサンブルでは，図 3.21(c) より，温度が 298 K に制御されていることがわかる[*1]．温度制御の影響で，図 3.21(a), (d), (e) の圧力，全エネルギー，ポテンシャ

---

[*1] 差分法において，スケーリングするタイミングと温度算出するタイミングがずれるため，図 3.21(c) の値は完全には 298 K になっていない．

(a) 圧力の時刻歴

(b) 体積の時刻歴

(c) 温度の時刻歴

(d) 全エネルギーの時刻歴

(e) ポテンシャルエネルギーの時刻歴

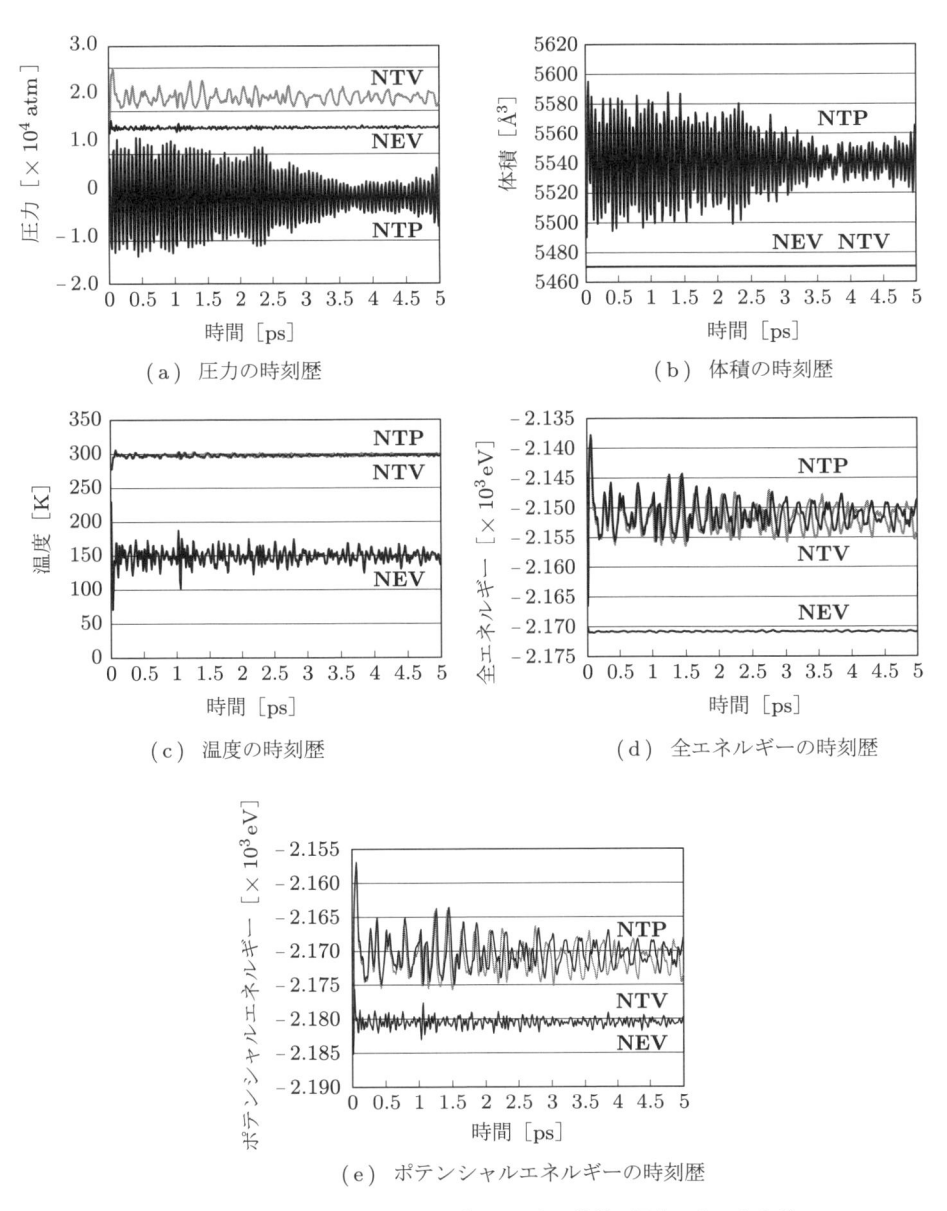

図 3.21 NTV, NTP, NEV アンサンブルの圧力，体積，温度，全エネルギー，ポテンシャルエネルギーの時刻歴

ルエネルギーのゆらぎは，NEV よりも大きくなっている．

NTP アンサンブルでは，NEV, NTV アンサンブルでは常に一定であった図 3.21(b) の体積が大きくゆらぎ，同時に，図 3.21(a) の圧力も大きくゆらいでいることがわかる．ゆらぎのため目視では判断できないが，圧力の平均値は設定値である 1 atm におおよそ収束している．また，NTV アンサンブルと同様，温度・圧力制御の影響で，図 3.21(a), (d), (e) の圧力，全エネルギー，ポテンシャルエネルギーのゆらぎは，NEV よりも大きくなっている．

このように，同じ原子・構造の系でも，アンサンブルによって，物理量の平均値およびそのゆらぎの傾向は大きく異なる．また，物理量の平均をとる場合は，アンサンブルに応じて，相応の時間平均を取る必要がある．とくに NTP アンサンブルの圧力や体積は大きくゆらぎ，ある 1 ステップの瞬間の値のみを解釈することは妥当ではない．

また，ゆらぎは，含まれる原子個数にも依存する．系を大きく取れば取るほど平均を取る原子数が増えるので，一般に系の物理量のゆらぎは小さくなる．

まとめると以下のようになる．

NEV アンサンブルは，全エネルギー，体積が一定で，温度と圧力のゆらぎは小さい．

NTV アンサンブルは，温度と体積が一定となる．NEV と比較して，圧力と全エネルギーとポテンシャルエネルギーのゆらぎは大きい．

NTP アンサンブルは，温度が一定となり，圧力，体積が設定値のまわりを大きくゆらぐ．NEV と比較して，全エネルギーとポテンシャルエネルギーのゆらぎは大きい 答.

---

### 例題 7　原子間ポテンシャルの設定

【例題 3】と同様の系において，ポテンシャルをレナードジョーンズ，モースおよび GEAM ポテンシャルに変更し，その違いについて考察せよ．ただし，アンサンブルは NTV アンサンブルとする．

☞「1.2 (4) 原子間ポテンシャルの選定」**ポイント 4**
　「2.1 2 体ポテンシャル」，「2.3 (3) GEAM ポテンシャル」

**解答**

計算条件を表 3.7 に示す．

エネルギーの時刻歴を図 3.22 に示す．同じ物質を対象とした計算であるが，エネル

ギーの値，ゆらぎは異なる*2．これは，用いているポテンシャル関数が異なれば，凝集エネルギーや弾性定数（力定数）などの物性値の再現性が異なるためである．したがって，用いているポテンシャルが興味がある物性を表現しているかをよく考える必要がある．実践的には，何種類かのポテンシャルを試してみて，物性の再現性の傾向を分析することが有効である．

<u>同じ元素の原子間ポテンシャルであっても，エネルギーの値やゆらぎはポテンシャルによって異なる．あらゆる物性を完全に再現するポテンシャルは存在しないため，目的に応じてポテンシャルを使い分ける必要がある</u> 答．

表 3.7 計算条件表

| アンサンブル | NTV | | |
|---|---|---|---|
| 温度 | 298 K | | |
| 総ステップ数 | 5000 steps | | |
| 時間刻み幅 | 1 fs | | |
| ポテンシャル | レナードジョーンズ | モース | GEAM |
| カットオフ距離 | 7 Å | | |

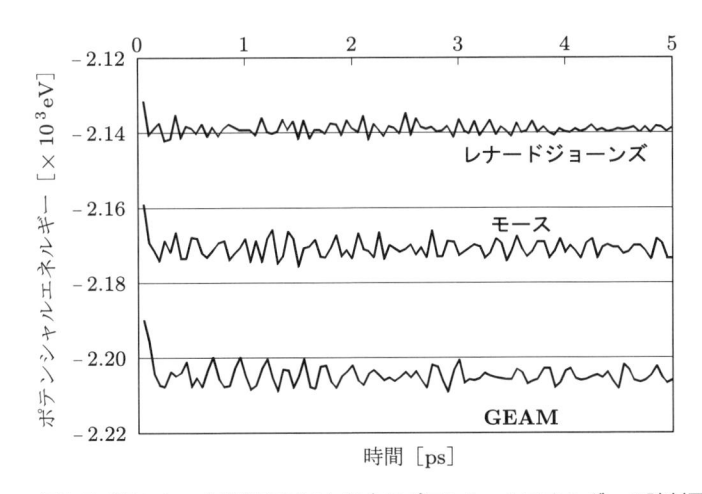

図 3.22 異なるポテンシャル関数を用いた場合のポテンシャルエネルギーの時刻歴の違い

---

*2 ただし，エネルギーの値が異なるのは，2体ポテンシャルのカットオフの範囲がエネルギー値に影響を及ぼすためと考えられる．一般に，分子動力学ではエネルギーの相対値やエネルギーの勾配である原子間力が問題となる場合が多く，2体ポテンシャルでは，エネルギーの絶対値を問題にしないこともある．しかし，一般のポテンシャル作成においては，エネルギーの絶対値は合わせるべきである．

## 3.3 基礎問題

ここでは，実践的なモデリングのための基礎的な演習問題を示す．

### 演習問題 1　融点の求め方

シリコンの融点を求めよ．ただし，ポテンシャルはターソフポテンシャルとする．

☞「1.5 (1) 原子の座標と速度」，「2.2 (2) ターソフポテンシャル」

**(解答)**

単純に系の温度を徐々に上げていき，液体のような振舞いが見えた温度を融点とする方法は，系のサイズが小さいため融解が生じるきっかけとなる液相の核が生じないことと，加熱の速度が速いため過熱になることにより，融点を高く見積もることが知られている[*3]．そのため，分子動力学で融点を求めるためには少し工夫が必要である．ここでは二つの求め方を紹介する．

一つ目は，自己拡散係数をさまざまな温度で計測し，急激に増加する温度を融点と定義する方法である．二つ目は，固相と液相の共存した系をつくり，さまざまな温度を与えて，相の境界の移動を見る方法である．この場合，融点以上ならば液相が成長し，以下ならば固相が成長する．ちょうど融点なら相の境界は移動しない．後者のほうがより正確に融点を求めることができる．

### (1) 自己拡散係数から求める方法

計算条件を表 3.8 に示す．{001} 系（$x, y, z$ 軸が [100], [010], [001] 方向）のユニッ

表 3.8　計算条件表

| アンサンブル | セルサイズ算出 NTP<br>本計算 NTV | | | | |
|---|---|---|---|---|---|
| 温度 | 1800 K | 2100 K | 2400 K | 2700 K | 3000 K |
| 総ステップ数 | セルサイズ算出 100000 steps<br>本計算 100000 steps | | | | |
| 時間刻み幅 | 1.0 fs | | | | |
| ポテンシャル | ターソフ | | | | |

---

[*3] NTP アンサンブルで応力ゼロの条件で温度を上げて融解の計算を行うと，4000 K 程度にならないと融解現象が確認できない．

トセルを $8 \times 8 \times 8$ 個で積み重ねて，計算系を作成した．まず，それぞれの温度において圧力がゼロになるセルサイズを求めるために，NTP 計算を行う．次に，求めたセルサイズをもとに NTV 計算を行い，平均 2 乗変位と自己拡散係数を求める．ただし，解析開始時間を $t_0 = 10\,\mathrm{ps}$，時系列の長さを $t_{\mathrm{tot}} = 20\,\mathrm{ps}$，シフト量を $t_{\mathrm{shift}} = 0.1\,\mathrm{ps}$，時系列の個数を $n_s = 700$ とする．

各温度での自己拡散係数を図 3.23 に示す．2700 K から自己拡散係数が大きく増加している．定量的な算出のためにはもう少し温度条件を増やす必要があるが，おおむね 2700 K 付近が融点と考えられる 答．

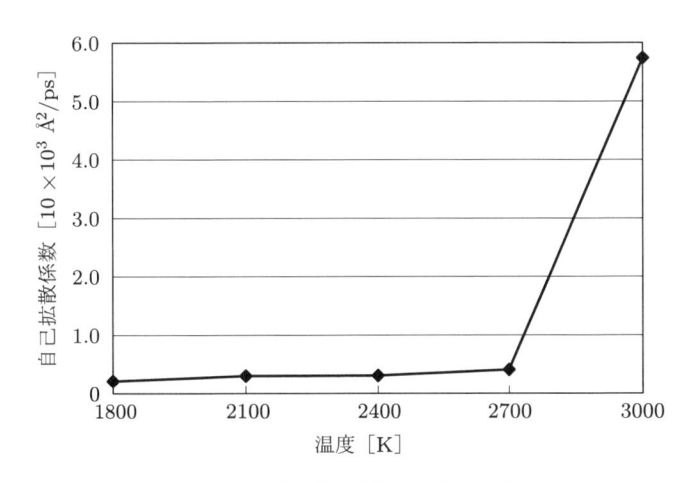

図 3.23 自己拡散係数の温度依存性

### (2) 固液 2 相計算から求める方法

図 3.24 のような固液 2 相のモデルを作成するために，最初にモデルの下半分の座標を固定して，上半分に 5000 K の温度を与えて融解させる．表 3.9 に計算条件を示す．

その後，応力をゼロにするために等応力・等温（N$\sigma$T）アンサンブルによる計算を表 3.10 の条件で行い，界面の移動を観察する．温度が融点より低ければ界面では結晶化が起こり，融点より高ければ界面で融解が起こるはずである．以下に，等応力，等圧アンサンブルの計算結果を示す．

2100 K におけるポテンシャルエネルギーと各方向の応力の時刻歴を図 3.25 に示す．また，0 ps と 100 ps 後の状態のスナップショットを図 3.26（固液の判別のため，結合のみを表示している）に示す．図 3.25(a)，図 3.26 より，固相が進展するのに従い，ポテンシャルエネルギーは低下していることがわかる．これは，液相から固相へと相変化したことによると考えられる．また，図 3.25(b)〜(d) より，応力がすべての方

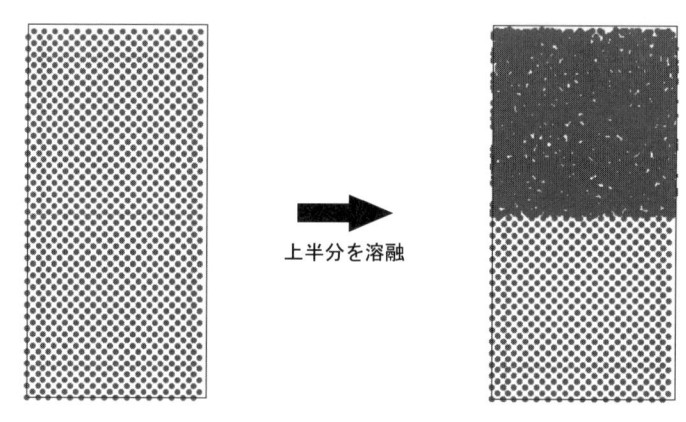

図 3.24 固液 2 相モデルによる融点の算出

表 3.9 計算条件表 その 1

| アンサンブル | NTV |
|---|---|
| 温度 | 5000 K |
| 総ステップ数 | 10000 steps |
| 時間刻み幅 | 1.0 fs |
| ポテンシャル | ターソフ |

表 3.10 計算条件表 その 2

| アンサンブル | N$\sigma$T（直方体維持） | | |
|---|---|---|---|
| 温度 | 2100 K | 2400 K | 2700 K |
| 圧力 | 1 atm | | |
| 総ステップ数 | 100000 steps | | |
| 時間刻み幅 | 1.0 fs | | |
| ポテンシャル | ターソフ | | |

向でほぼゼロに制御できていることがわかる．したがって，2100 K は融点以下と考えられる．

次に，2400 K におけるポテンシャルエネルギーと応力の時刻歴を図 3.27 に示す．また，0 ps と 100 ps 後の状態のスナップショットを図 3.28（結合のみを表示）に示す．2100 K と同様に，固相が進展し，ポテンシャルエネルギーは低下していることがわかるが，ポテンシャルエネルギーの低下は 60 ps 程度で止まっている．また，固相化した領域も 2100 K と比較して小さいことがわかる．加えて，応力はすべての方向でゼロに制御できている．したがって，2100 K より 2400 K のほうが融点に近いことが推測できる．

最後に，2700 K におけるポテンシャルエネルギーと応力の時刻歴を図 3.29 に示す．また，0 ps と 100 ps 後の状態のスナップショットを図 3.30（結合のみを表示）に示す．ポテンシャルエネルギーは上昇し，固相領域が完全に液相に変化していることがわかる．また，応力はすべての方向でゼロに制御できている．したがって，2700 K は融点以上となっていることが推測できる．

図 3.25 2100 K におけるポテンシャルエネルギーと各方向の応力の時刻歴

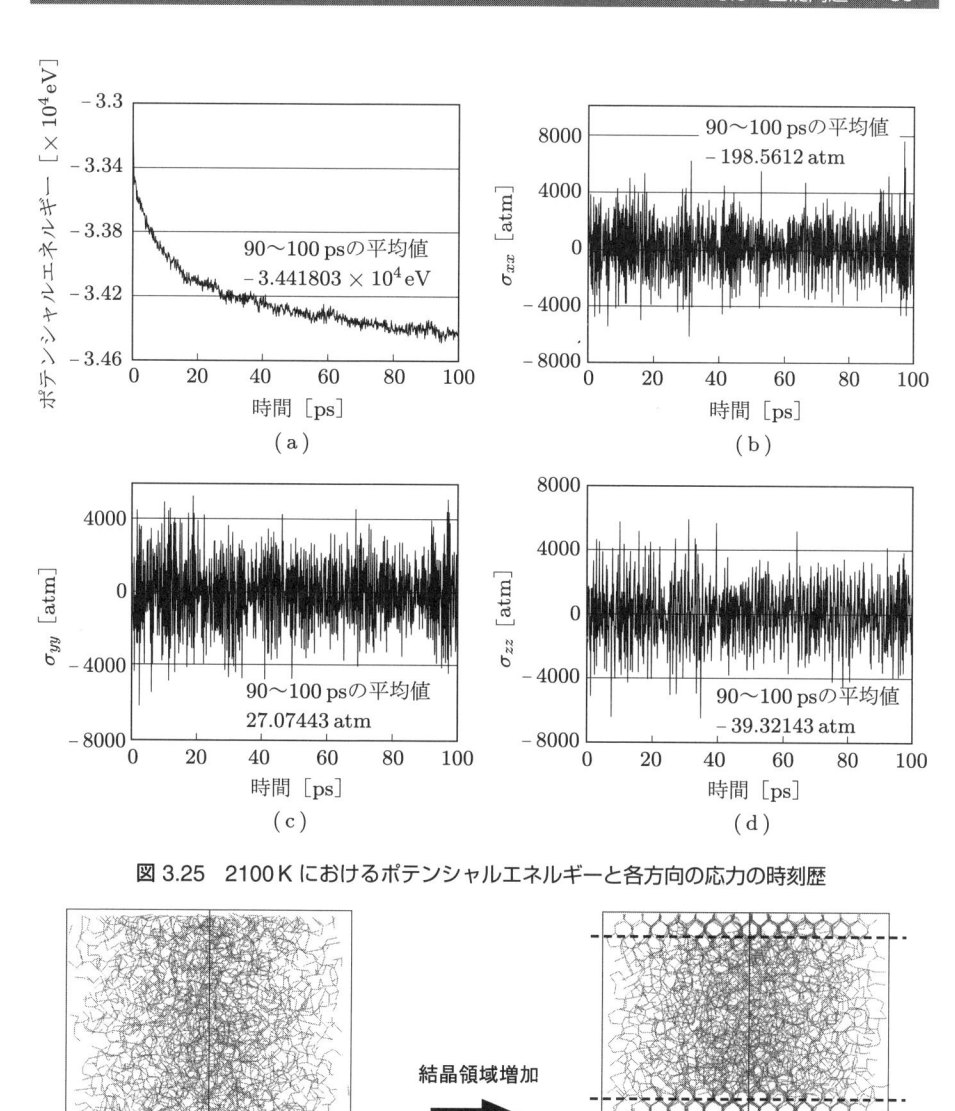

図 3.26 2100 K の固液 2 相モデルの 0 ps と 100 ps のスナップショット(結合のみ表示).固相が進展していることがわかる.

**図 3.27** 2400 K におけるポテンシャルエネルギーと各方向の応力の時刻歴

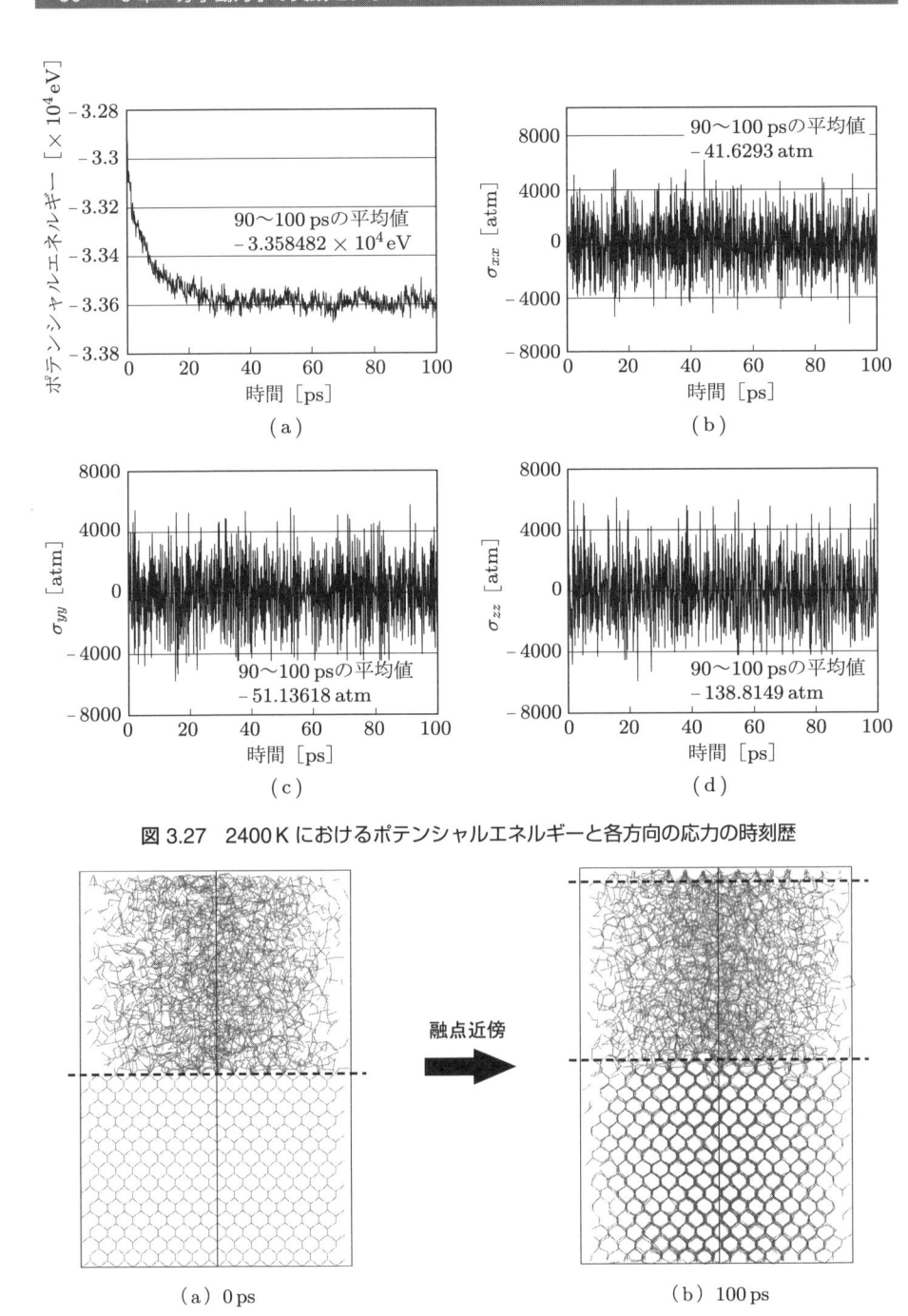

**図 3.28** 2400 K の固液 2 相モデルの 0 ps と 100 ps のスナップショット（結合のみ表示）．固相が若干進展していることがわかる．

**図 3.29** 2700 K におけるポテンシャルエネルギーと各方向の応力の時刻歴

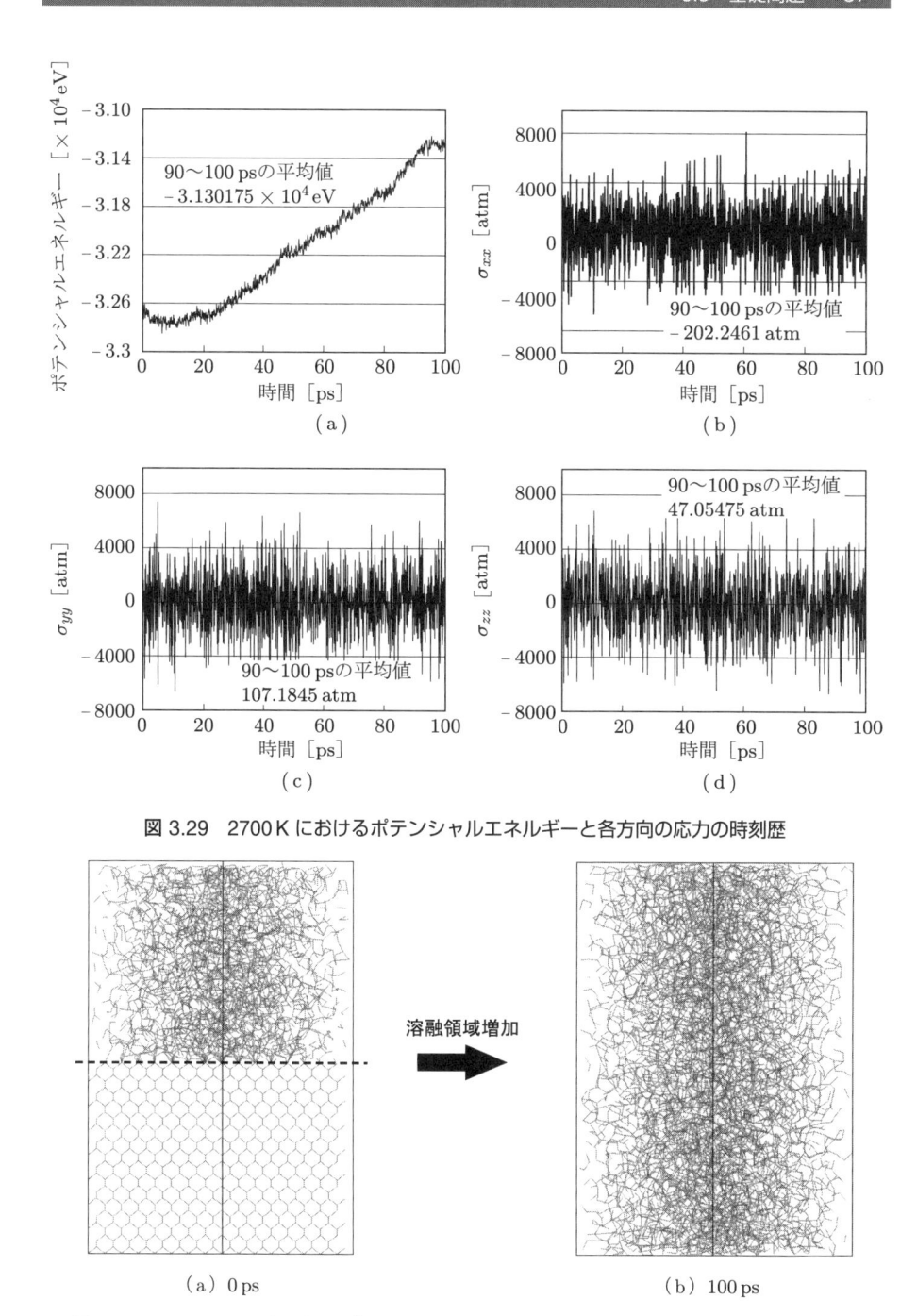

(a) ポテンシャルエネルギー [×10⁴ eV]、90〜100 ps の平均値 $-3.130175 \times 10^4$ eV

(b) $\sigma_{xx}$ [atm]、90〜100 ps の平均値 $-202.2461$ atm

(c) $\sigma_{yy}$ [atm]、90〜100 ps の平均値 $107.1845$ atm

(d) $\sigma_{zz}$ [atm]、90〜100 ps の平均値 $47.05475$ atm

**図 3.30** 2700 K の固液 2 相モデルの 0 ps と 100 ps のスナップショット（結合のみ表示）．液相が進展し，固相が消滅していることがわかる．

(a) 0 ps　　(b) 100 ps

溶融領域増加

以上より，2400〜2700 K の間が融点と考えられるが，定量的な算出のためには，より温度条件を細かく区切って計算する必要があり，かつ長時間の界面の移動を観察する必要がある．

簡易的かつ定量的に融点を求めるためには，上記の固液 2 相モデルを作成後，温度制御を行わない N$\sigma$H アンサンブルの計算を行うとよい．界面で液相から固相への相変化が起こると，それに伴う潜熱が放出され，系の温度が上昇する．温度が上昇すると，それによって融解が進む．融解すると界面で熱が吸収されるので，温度が下がる．この現象の繰り返しにより，系の温度が融点の状態で界面は停留するはずである．

融点をより詳細に求めるために，2400 K の結果の最終状態を使って，温度の拘束を行わずに，N$\sigma$H アンサンブルを用いて計算する．計算条件を表 3.11 に示す．

表 3.11　計算条件表 その 3

| アンサンブル | N$\sigma$H（直方体維持） |
|---|---|
| 圧力 | 1 atm |
| 総ステップ数 | 300000 steps |
| 時間刻み幅 | 1.0 fs |
| ポテンシャル | ターソフ |

温度の履歴を図 3.31 に示す．履歴には N$\sigma$T アンサンブルの結果も含めてプロットした．300〜400 ps の平均温度はほぼ一定の 2450 K 程度となり，融点は 2450 K 程度

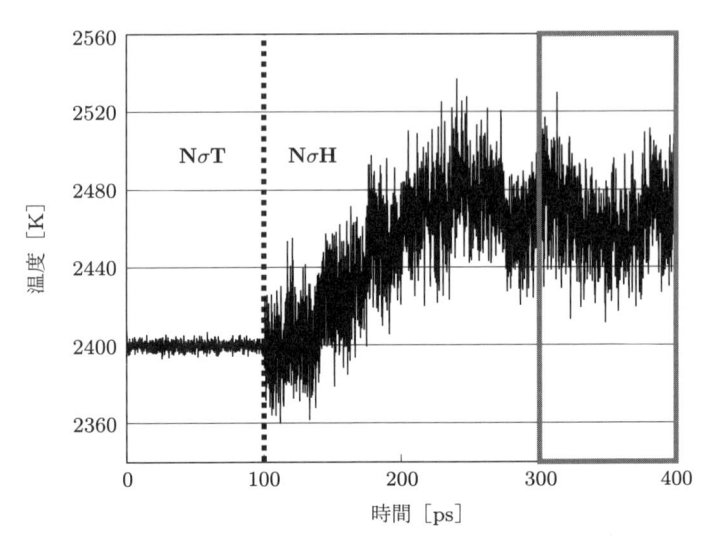

図 3.31　N$\sigma$H アンサンブルによる固相 - 液相モデルの温度履歴

と推測できる 答．また，最終的な原子図を図 3.32 に示す．図より，固相と液相の 2 相状態が維持されていることがわかる．これは，熊谷ら[*4]の結果とほぼ一致する．また，平均 2 乗変位の結果は，融点を大きめに見積もることがわかる．

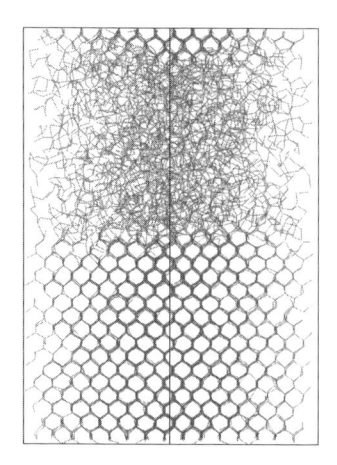

ただし，シリコンの融点の実験値は 1414°C（1687 K）であり，ターソフポテンシャルの融点の定量的な再現性はよくないことがわかる．

図 3.32 $N\sigma H$ アンサンブルによる固相 - 液相モデルの最終状態

## ※参考

ターソフポテンシャルでは，計算時間の削減のため，式 (2.9) において $p = 0$ としたものを使用することがある．このことは，凝集エネルギーや平衡原子間距離，弾性定数などの平衡状態の物性値にはまったく影響しないが，融点や結晶成長速度には影響することが知られている．

以下，参考のため $p = 0$ とした計算結果を示す．

2100, 2400, 2700 K におけるスナップショットを図 3.33～3.35 に示す．また，2400 K の状態を使って $N\sigma H$ アンサンブルの計算を行った際の温度変化を図 3.36 に示す．

350～400 ps の平均温度は 2550 K 程度となり，この温度が融点と推測できる．この結果も，熊谷らの結果（$p = 0$ とした場合）とほぼ一致する．

$p = 0$ としても $p \neq 0$ としても，ターソフポテンシャルはシリコンの融点を再現することはできないか，熊谷らは，本検討にもとづき，式 (2.9) を改良したポテンシャルにより，融点の再現に成功している．

---

[*4] 熊谷知久，原祥太郎，泉 聡志，酒井信介，材料 55 (2006) 1.

(a) 0 ps　　　　　　　　　　　　(b) 100 ps

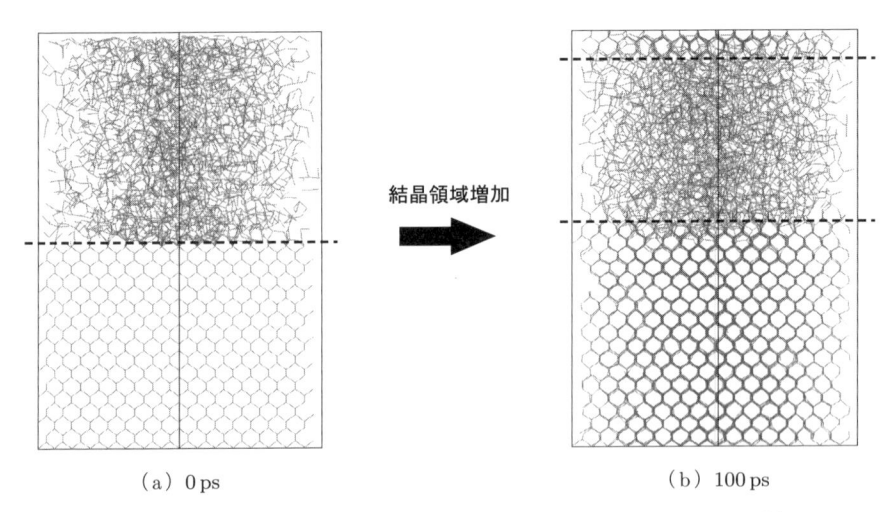

**図 3.33**　2100 K における固液 2 相モデルの計算結果（$p=0$ とした場合）．結晶領域が増加している．

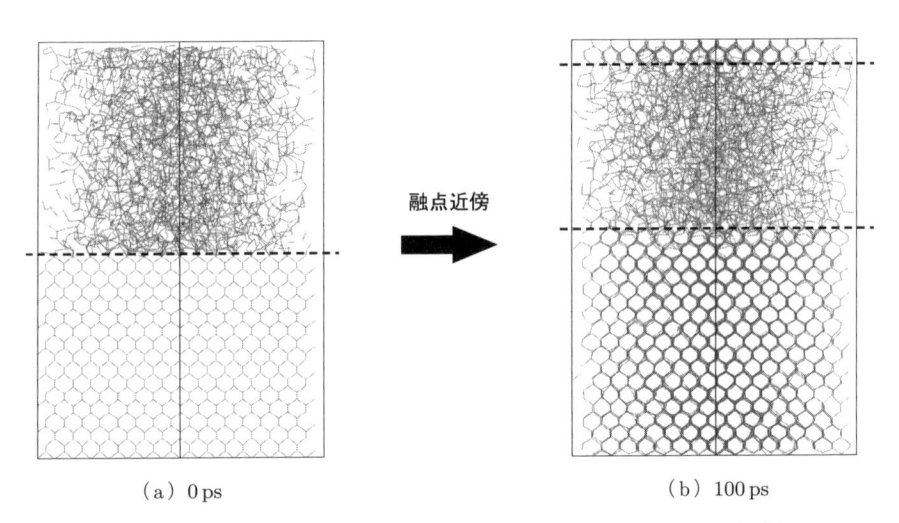

結晶領域増加

(a) 0 ps　　　　　　　　　　　　(b) 100 ps

**図 3.34**　2400 K における固液 2 相モデルの計算結果（$p=0$ とした場合）．若干固相が進展しているが，ほぼ界面は停留している．

融点近傍

(a) 0 ps  (b) 100 ps

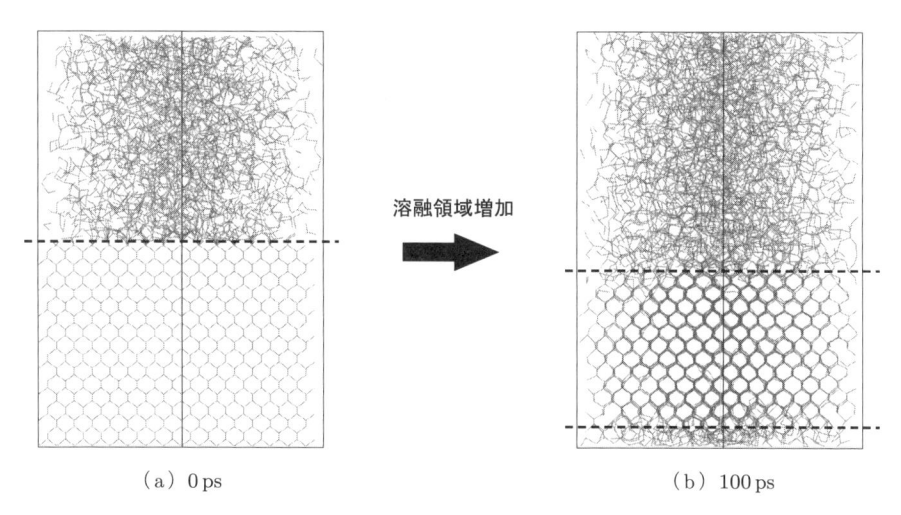

図 3.35 2700 K における固液 2 相モデルの計算結果（$p=0$ とした場合）．液相が進展している．

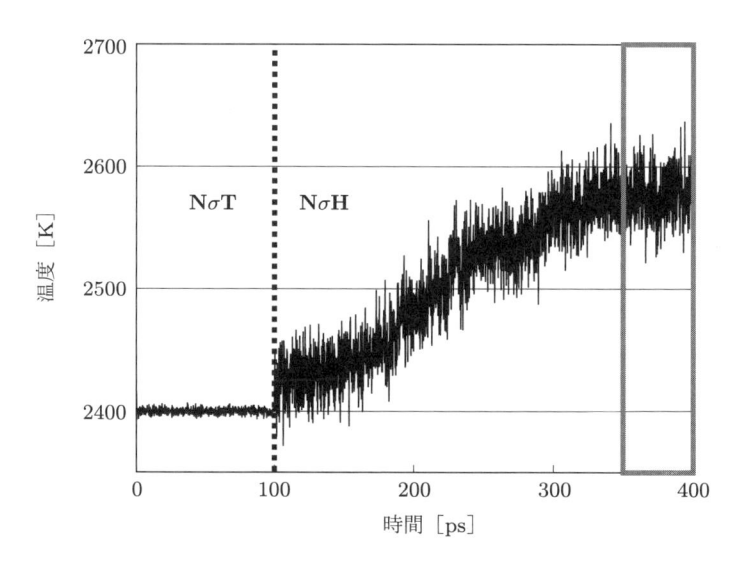

図 3.36 N$\sigma$H アンサンブルによる固相 - 液相モデルの温度履歴（$p=0$ とした場合）

### 演習問題 2　固相成長

図 3.37 のような {001} 系の結晶シリコンとアモルファスシリコンの界面モデルを作成し，1800 K における (001) 面の固相成長（アモルファスがアモルファス/結晶界面より結晶化すること）速度を求めよ．ただし，アモルファスシリコンは十分に構造緩和[*5]させること．ポテンシャルはターソフポテンシャルとする．

☞「1.5 (1) 原子の座標と速度」
　「2.2 (2) ターソフポテンシャル」

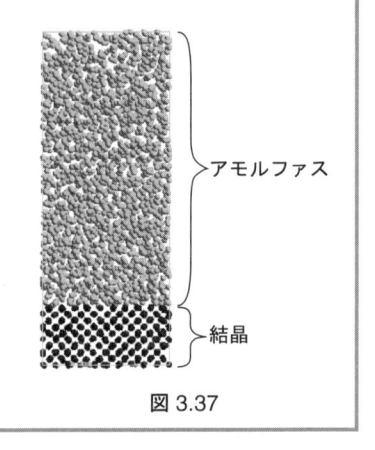

図 3.37

### 解答

**【演習問題 1】**と同様の固液 2 相の界面モデルを作成し，その後，固相成長の計算を行う．計算条件を表 3.12 に示す．解析は (1)〜(4) の 4 段階で行う．

表 3.12　計算条件表

|  | (1) 緩和 | (2) 溶融 | (3) 冷却 | (4) 本計算 |
|---|---|---|---|---|
| アンサンブル | NTP (直方体) | NTV | NTV | NTP (直方体) |
| 温度 | 1800 K | 5000 K | 5000 → 1800 K | 1800 K |
| 圧力 | 1 atm | — | — | 1 atm |
| 総ステップ数 | 100000 steps | 10000 steps | 320000 steps | 4000000 steps |
| 時間刻み幅 | 1 fs | | | |
| ポテンシャル | ターソフ | | | |

まず，図 3.38 の左端のように，格子定数 5.431 Å のユニットセルを 5 × 5 × 13 積み重ねた完全結晶モデル（原子数 2600 個）を初期状態として用意する．次に，(1) 系を 1800 K で緩和計算した後に，(2) 下部の原子を固定して，上部の原子を 5000 K で融解させる．その後，(3) 上部を 320000 ステップかけて 5000 K から 1800 K に線形に温度を下げる．ここで，系の温度を急激に下げてしまうと，液体構造はアモルファス構造となるものの，そのままではエネルギーが高い非緩和構造になってしまう．したがって，冷却速度を遅くして，構造緩和したアモルファス構造を得る必要がある．

---

[*5] 一般に，アモルファス構造には結晶のような唯一の安定構造が存在せず，さまざまなエネルギーの状態が存在する．構造緩和を行うと，これ以上はエネルギーが下がらない状態（完全に構造緩和した状態）になる．

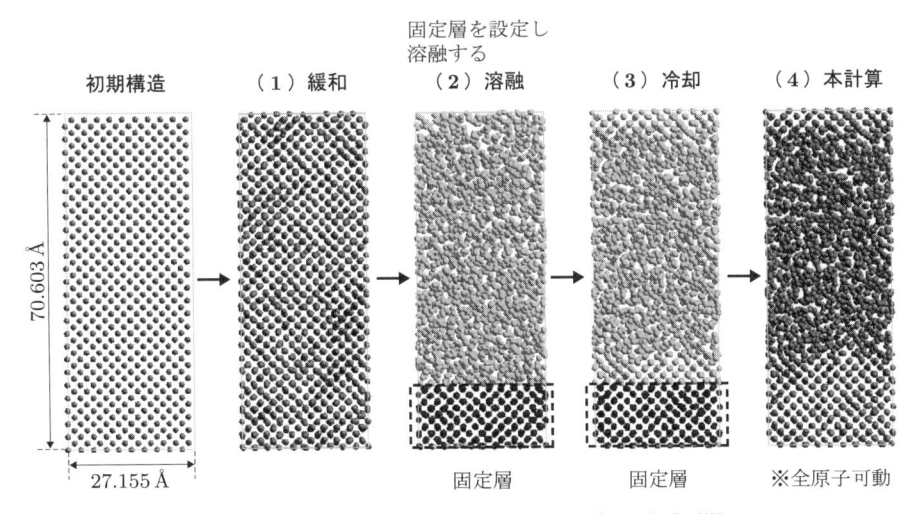

図 3.38 アモルファス/結晶構造の界面モデルの作成手順

最後に，(4) 下部の原子の固定を解き，全原子を稼働させて 4 ns の長時間の緩和計算を行うと，アモルファスが界面から徐々に結晶に構造遷移していく．ただし，固定を解いた直後は，アモルファス/結晶界面の構造緩和も同時に起こりながら，結晶成長が進む．

【演習問題 1】で解説したように，ターソフポテンシャルは融点の再現性が悪いため，実験との比較において，本問題は定量的には問題がある．したがって，この結果は，固相成長のメカニズム解明や不純物の効果などの定性的な研究目的に制限される．

1800 K 固相成長 ((4) の本計算) のスナップショットとエネルギーの時刻歴を図 3.39，3.40 に示す．図 3.40 より，ごく初期 (〜100 ps) は界面の構造緩和と見られる急速なポテンシャルエネルギー低下があるが，その後は定常的にエネルギーが減少していることがわかる．それに伴って，図 3.39 より，結晶化が進んでいることがわかる．その後，ポテンシャルエネルギーは 2.8 ns あたりで一定値となるが，これは固相成長が終了し，完全結晶になったためである．

固相成長の速度をスナップショットより目視で求めると，2.8 ns 間でおおよそ 30 nm の成長があり，1 nm/s [答] の固相成長速度が得られた．これは，同様の系の分子動力学計算の値[*6]と一致する．

---

[*6] 泉 聡志，村井克成，原祥太郎，熊谷知久，酒井信介，"シリコンの固相成長速度へのヒ素原子の影響に関する分子動力学解析" 材料 55-3 (2006) 285–289.

(a) 0 ns　　　　　(b) 1 ns　　　　　(c) 2 ns

(d) 3 ns　　　　　(e) 4 ns

図 3.39　1800 K における固相成長のスナップショット

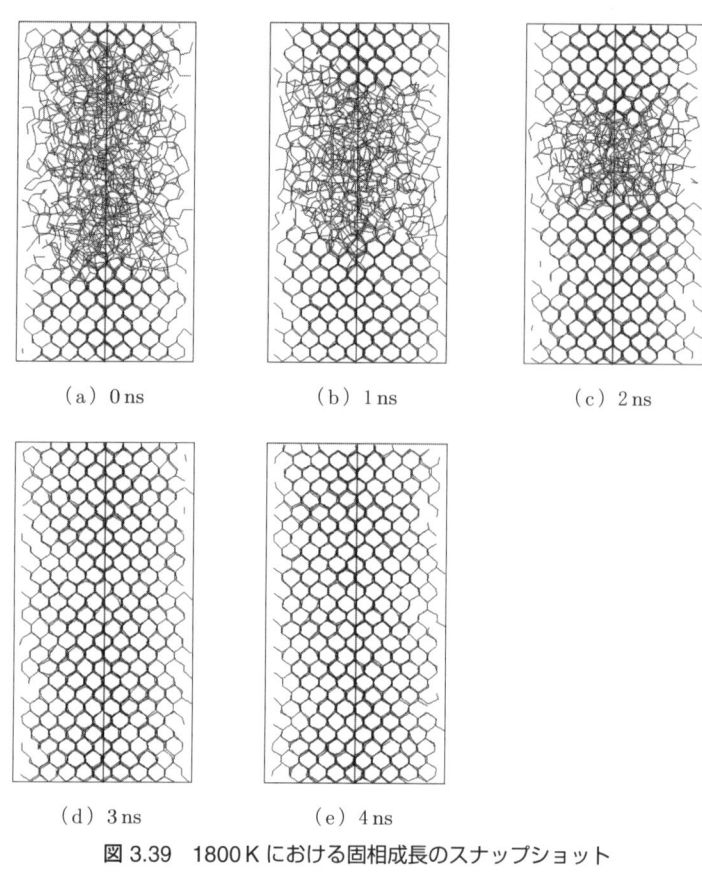

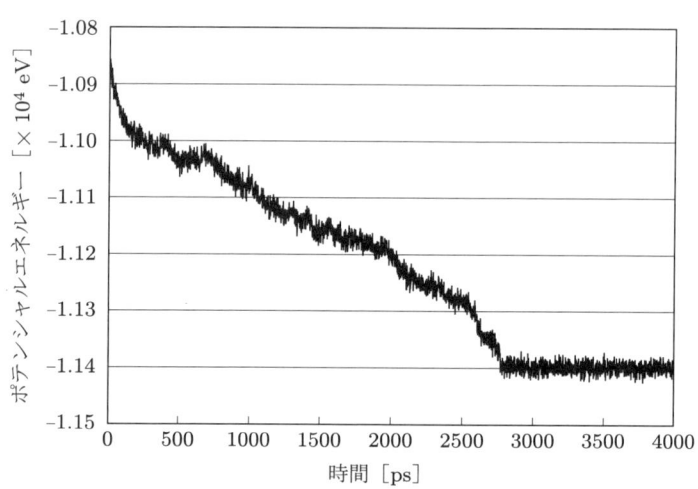

図 3.40　1800 K の固相成長（緩和計算）時のポテンシャルエネルギーの時刻歴．初期に界面構造の緩和，その後に一定速度の固相成長が起こる．

※参考

【演習問題 1】と同様に，ターソフポテンシャルの式 (2.9) において $p=0$ とした場合の計算結果についても考察する．結果のスナップショットとポテンシャルエネルギー変化を図 3.41, 3.42 に示す．2～8 ns の結晶成長の速度をスナップショットより目視で求めると，6 ns 間でおおよそ 2.7 nm の成長があり，0.45 nm/s の固相成長速度が得られた．これは $p \neq 0$ の場合と比較して 2 倍程度遅く，融点と同様に，$p$（ボンドオーダー項の距離依存の項）の影響が大きいことがわかる．

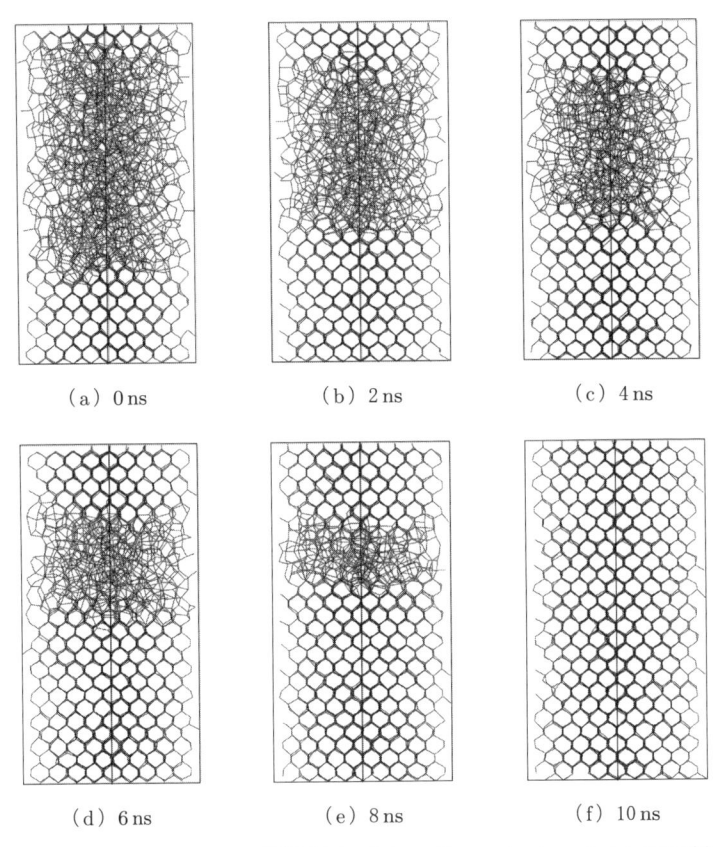

(a) 0 ns　　(b) 2 ns　　(c) 4 ns

(d) 6 ns　　(e) 8 ns　　(f) 10 ns

図 3.41　1800 K における固相成長のスナップショット（$p=0$ とした場合）

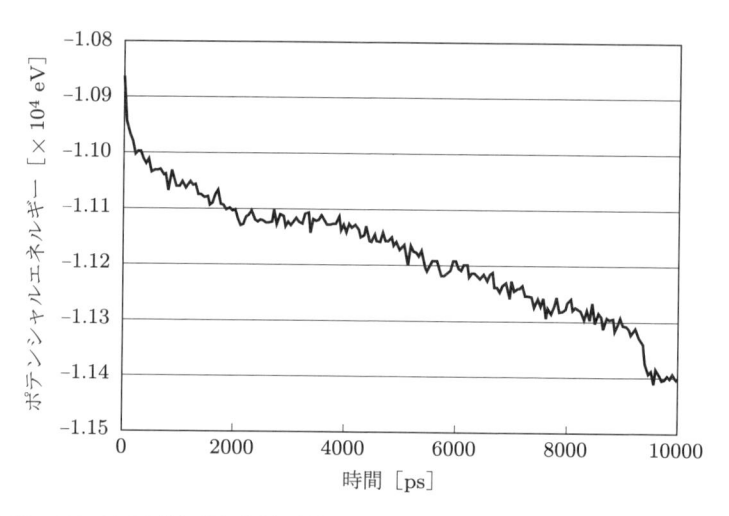

**図 3.42** 1800 K の固相成長（緩和計算）時のエネルギーの時刻歴（$p=0$ とした場合）

---

**演習問題 3** 　線膨張係数の算出

Ni の完全結晶の線膨張係数を求めよ．ただし，系の大きさ，ポテンシャル（モースポテンシャル）は【例題 2】と同様とする．

☞ 「1.5 (2) 平衡原子間距離と線膨張係数」，「2.1 2 体ポテンシャル」

---

**解答**

計算条件表を表 3.13 に示す．線膨張係数を求めるためには，さまざまな温度での応力ゼロの格子サイズ（平衡原子間距離）を NTP アンサンブルにより求める．そして，格子サイズの温度依存性のグラフの勾配より熱膨張係数を求める．ただし，線膨張係数には温度依存性があるため，求めたい温度のまわりの温度依存性を求める必要がある．

**表 3.13　計算条件表**

| 温度 | 200 K | 250 K | 300 K | 350 K | 400 K |
|---|---|---|---|---|---|
| 圧力 | 1 atm | | | | |
| アンサンブル | NTP | | | | |
| 総ステップ数 | 100000 steps | | | | |
| 時間刻み幅 | 1 fs | | | | |
| ポテンシャル | モース | | | | |
| カットオフ距離 | 7 Å | | | | |

注意として，【例題 6】でも説明したとおり，NTP による体積のゆらぎは大きいため，十分な計算ステップと平均が必要である．たとえば，図 3.43 に格子サイズがもっとも異なる 200 K と 400 K のセルサイズの時刻歴を示す．二つのグラフが重なっていて見にくいが，両者の平均値に違いがあることは，このグラフから判別することはできない．

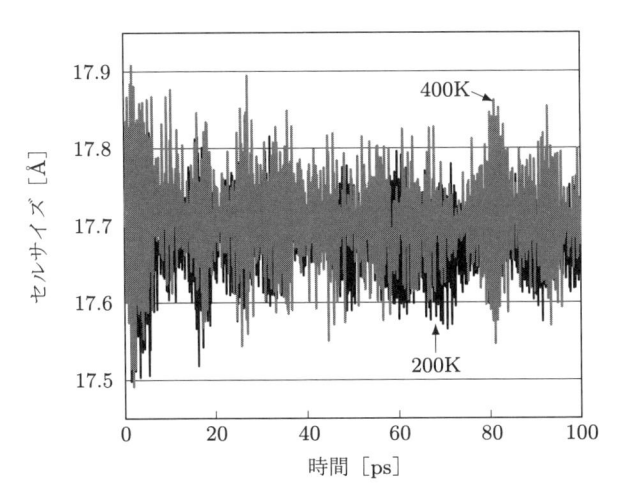

図 3.43 200 K と 400 K における NTP アンサンブルによるセルサイズのゆらぎ

三つの軸のセルサイズの平均値をまとめたものを表 3.14 に示す．また，温度に対してセルサイズの平均値をプロットしたものを図 3.44 に示す．図からわかるように，計算された温度域では，ほぼ線形であるとみなせる．

表 3.14 各温度によるセルサイズ（平均値は $L_x$, $L_y$, $L_z$ の平均）

|  | 200 K | 250 K | 300 K | 350 K | 400 K |
| --- | --- | --- | --- | --- | --- |
| $L_x$ [Å] | 17.681 | 17.693 | 17.696 | 17.696 | 17.710 |
| $L_y$ [Å] | 17.680 | 17.682 | 17.691 | 17.704 | 17.709 |
| $L_z$ [Å] | 17.679 | 17.687 | 17.699 | 17.710 | 17.713 |
| 平均値 $L$ [Å] | 17.680 | 17.687 | 17.695 | 17.703 | 17.711 |

式 (1.31) より，200 K と 400 K の間の平均的な線膨張係数は $\alpha = (17.711 - 17.680)/\{17.680(400 - 200)\} = 8.8 \times 10^{-6}\,\mathrm{K}^{-1}$ 【答】と計算できる．実験値は 300 K において，$13.7 \times 10^{-6}\,\mathrm{K}^{-1}$ である．実験値と異なるのは，ポテンシャル関数の性質によると考えられる．

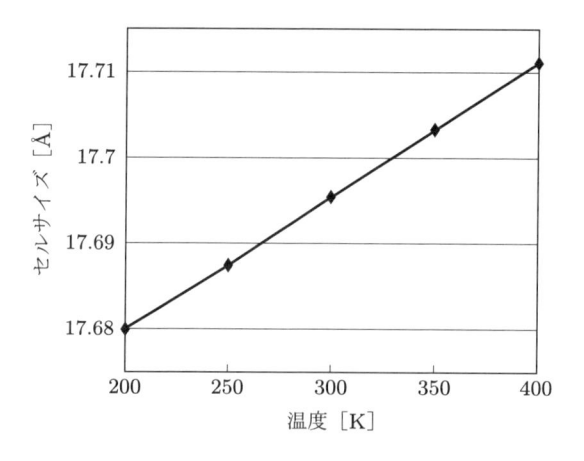

**図 3.44** セルサイズの温度依存性

### 演習問題 4　比熱の算出と材料依存性

Ni 完全結晶の 298 K における定積モル比熱を求めよ．ただし，ポテンシャルは GEAM ポテンシャルとする．また，GEAM ポテンシャルを用いて，Ag, Au, Cu, Pd, Pt についても同様に定積モル比熱を求め，値を比較せよ．
☞「1.5 (3) 比熱」，「2.3 (3) GEAM ポテンシャル」

#### 解答

計算条件を表 3.15 に示す．298 K 付近で温度を変えた計算を 3 ケース行い，全エネルギーを求め，温度に対してプロットする．

**表 3.15** 計算条件表

| アンサンブル | NTV | | |
|---|---|---|---|
| 温度 | 293 K | 298 K | 303 K |
| 総ステップ数 | 10000 steps | | |
| 時間刻み幅 | 0.5 fs | | |
| ポテンシャル | GEAM | | |

求めた全エネルギーと温度との関係を図 3.45 に示す．全エネルギーは温度に対してほぼ線形に増加することがわかる．グラフの勾配より，定積モル比熱は $25.03\,\mathrm{J/(K\cdot mol)}$ 答 と計算される．

次に，材料を格子定数や凝集エネルギーが異なる Ag, Au, Cu, Pd, Pt に変更して同様の計算を行う．結果の計算値と実験値の比較を表 3.16 に示す．

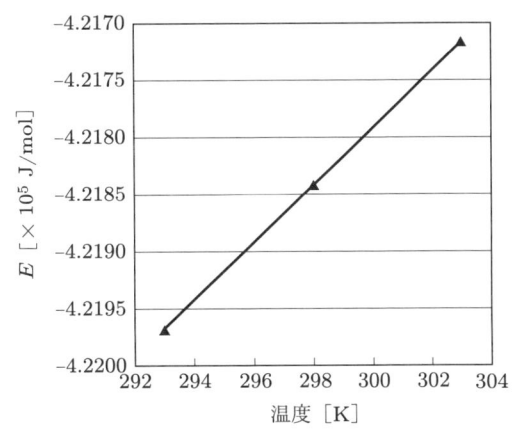

図 3.45 全エネルギーと温度の関係

表 3.16 定積モル比熱の比較

| | 定積モル比熱 [J/(K·mol)] | |
|---|---|---|
| | MD | 実験値 |
| Ni | 25.0 | 25.8 |
| Ag | 25.0 | 25.5 |
| Au | 26.5 | 25.2 |
| Cu | 25.2 | 24.5 |
| Pd | 26.1 | 25.5 |
| Pt | 26.7 | 26.6 |
| 平均値 | 25.8 | 25.5 |

実験値同様，常温付近での固体元素の定積モル比熱は，どの元素もほぼ等しいことが確認できた 答．

気体定数 $R = 8.31446\,\mathrm{J/(K\cdot mol)}$ から求めた定積モル比熱は $C_V = 3R = 24.94338\,\mathrm{J/(K\cdot mol)}$ となり，本結果は，デュロン - プティの法則とよく一致することがわかる．

### 演習問題 5　アモルファス構造の動径分布関数

シリコンのアモルファス構造をメルトクエンチ法（融解させた後，急冷する方法）によって作成し，動径分布関数を完全結晶構造と比較せよ．ただし，ポテンシャルはターソフポテンシャルとする．

☞「1.5 (4) 構造解析（動径分布関数）」，「2.2 (2) ターソフポテンシャル」

### 解答

シリコンのユニットセル（ダイヤモンド格子 {100} 系，格子定数 $a = 5.431\,\text{Å}$）を $5 \times 5 \times 5$ 個積み重ねる．

表 3.17 の計算条件で緩和計算を行い，初期構造のセル辺長を求める．その結果，80〜100 ps の平均値より，$27.21155\,\text{Å}$ となった．

その後，表 3.18 の計算条件で溶融・冷却（メルトクエンチ）することにより，アモルファスシリコンを作成する．図 3.46 に作成過程を示す．冷却後のアモルファス構造は，構造緩和されておらずエネルギーが高い．よって，300 K で長時間の緩和計算を行う．もし，緩和が十分でない場合は，1800 K 程度まで温度を上げて，長時間の緩和

表 3.17 計算条件表 その 1（初期構造のセル辺長の算出）

| アンサンブル | NTP（立方体維持） |
|---|---|
| 温度 | 300 K |
| 圧力 | 1 atm |
| 総ステップ数 | 100000 steps |
| 時間刻み幅 | 1 fs |
| ポテンシャル | ターソフ |

表 3.18 計算条件表 その 2（メルトクエンチと緩和）

| | 溶融 | 冷却 | 緩和 |
|---|---|---|---|
| アンサンブル | NTV | | |
| 温度 | 5000 K | 5000 → 300 K | 300 K |
| 総ステップ数 | 10000 steps | 470000 steps | 100000 steps |
| 時間刻み幅 | 1 fs | | |
| ポテンシャル | ターソフ | | |

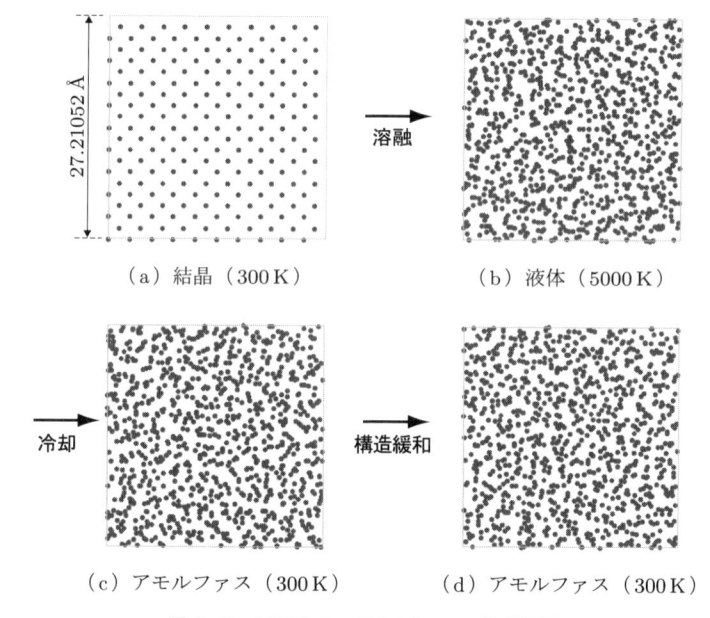

(a) 結晶（300 K）　27.21052 Å

(b) 液体（5000 K）　溶融

(c) アモルファス（300 K）　冷却

(d) アモルファス（300 K）　構造緩和

図 3.46　アモルファスシリコンの作成過程

計算を行うと，より緩和が進んだ構造が比較的短時間で得られる．

完全結晶の動径分布関数を図 3.47 に示す．第 1 ピークから第 2，第 3 と，近接原子に対応してピークが明瞭に観察される．また，図 3.48 にアモルファスシリコンの動径分布関数を実験値と一緒に示す．結晶と比較して，第 1 ピークは変わらないが，第 2 と第 3 ピークが統合され，中距離の秩序がなくなっていることがわかる 答．これはアモルファス構造の特徴であり，最近接原子との距離は原子間距離によって定まるため結晶と変わらず秩序性があるが，構造の無秩序性のため，距離が離れるにつれ徐々に秩序を失っていくことに起因している．実験値と若干のずれはあるが，十分な構造緩和を施せば，もう少し実験値に近づく．

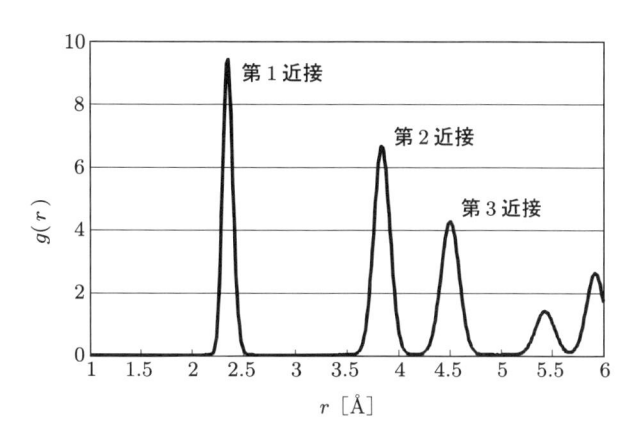

図 3.47　結晶シリコンの動径分布関数

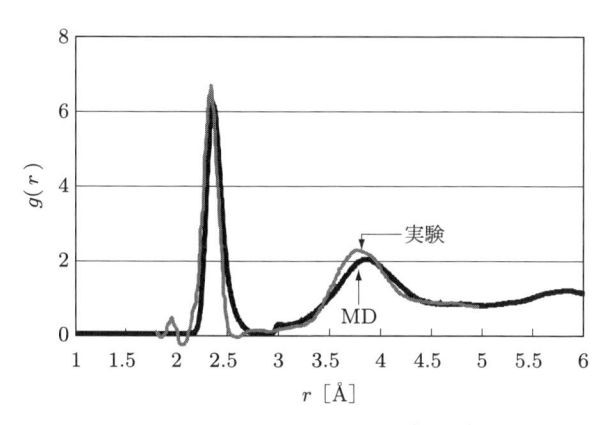

図 3.48　アモルファスシリコンの動径分布関数

## 演習問題 6  拡散係数の求め方

(1) {001} 系の bcc 構造の $\alpha$ 鉄の 1000 K における自己拡散係数を求めよ．ただし，系のサイズは $22.8848 \times 22.8848 \times 22.8848$ Å（原子個数 1024 個）とせよ．ポテンシャルは GEAM ポテンシャルを用いよ．

(2) 問 (1) で用いた系の格子間に鉄原子を一つ加えた系（自己格子間原子を加えた系）を作成し，系の自己拡散係数を求めよ．

(3) 問 (2) で用いた系において，自己格子間原子近傍の鉄原子の一つを銅原子に置き換える．銅原子の拡散係数を求めよ．

☞「1.5 (5) 輸送係数」，「2.3 (3) GEAM ポテンシャル」

### 解答

本問題は，平均 2 乗変位と自己拡散係数の求め方のための練習問題である．得られた結果が実験と一致するかどうかについてや，ポテンシャルの精度など結果の妥当性については難解な議論になるため，ここでは深い考察は行わない．

(1) 計算条件表を表 3.19 に示す．ポテンシャルは 2.3 (3) 項で述べた GEAM ポテンシャルを使用する．原子の軌跡を図 3.49 に示す．個々の原子は初期位置のまわりを運動するだけで，原子の軌跡は $x$–$y$, $y$–$z$, $z$–$x$ 面すべて近接原子へ到達していない．よって，原子配置の入れ替わりは生じていないことがわかる．

次に，平均 2 乗変位を求める．図 1.17(a) の手法 B の平均 2 乗変位を計算し始める初期時間を $t_0 = 1\,\mathrm{ps}$，トータルの時間を $t_{\mathrm{tot}} = 15\,\mathrm{ps}$，シフト時間を $t_{\mathrm{shift}} = 0.05\,\mathrm{ps}$ とした．すなわち，$t_{\mathrm{tot}} = 15\,\mathrm{ps}$ の長さの時系列データを $t_0 = 1\,\mathrm{ps}$ から $t_{\mathrm{shift}} = 0.05\,\mathrm{ps}$ ずつずらしながら切り出したデータを用いて，平均 2 乗変位を求める．切り出すデータ数 $n_s$ は 900 個とする．データ数が少なかったり，シフト時間が短かい場合は，十分な時間平均を取ることができないため，注意が必要である．

図 3.50 に平均 2 乗変位を示す．グラフの直線近似式の傾きは $2.858 \times 10^{-5}$ と

**表 3.19 計算条件表**

| アンサンブル | NTV |
|---|---|
| 温度 | 1000 K |
| 圧力 | 1 atm |
| 総ステップ数 | 1000000 steps |
| 時間刻み幅 | 0.5 fs |
| ポテンシャル | GEAM（2001） |

$x$–$y$ 面

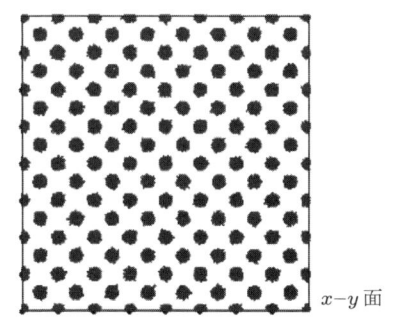

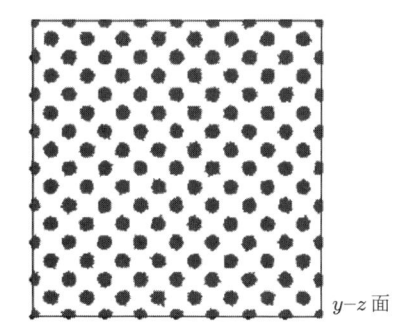

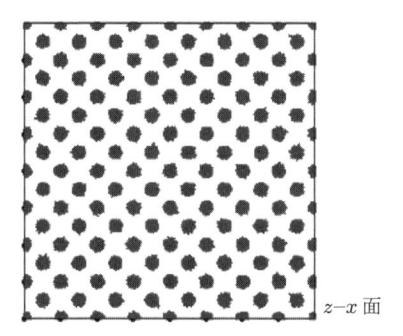

$y$–$z$ 面

$z$–$x$ 面

図 3.49　完全結晶の鉄原子の軌跡

$y = 2.858 \times 10^{-5} x + 9.447 \times 10^{-2}$

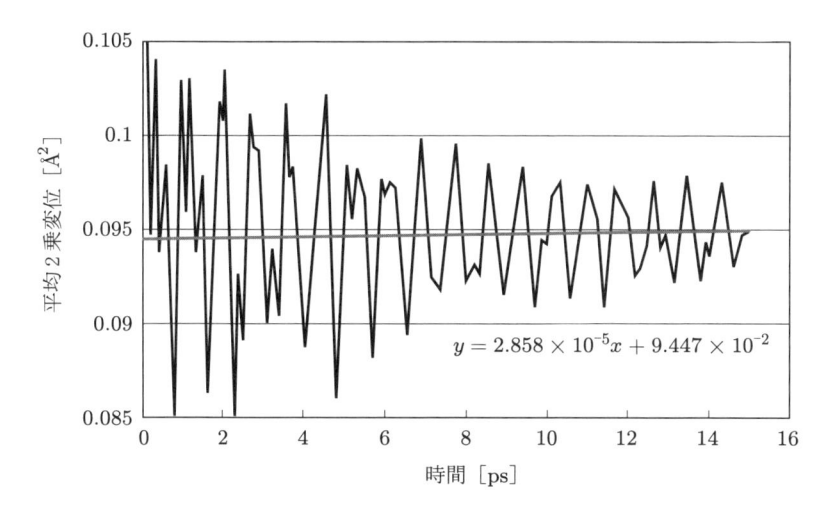

図 3.50　鉄の完全結晶の平均 2 乗変位と，拡散係数を求めるための傾き

なり，アインシュタインの公式 (1.37) から，自己拡散係数は $2.858\times10^{-5}/6$ $= 4.763\times10^{-6}$ Å$^2$/ps $= 4.763 \times 10^{-10}$ cm$^2$/s となる 答．

(2) 計算条件は問 (1) と同じとする．自己格子間原子を挿入した原子図を，図 3.51 に示す．また，原子の軌跡を図 3.52 に示す．問 (1) の完全結晶の場合と異なり，原子が格子間を移動し，拡散が起こっていることがわかる．これは挿入した自己格子間原子が格子間を拡散したり，完全結晶中の原子と入れ替わったりすることに

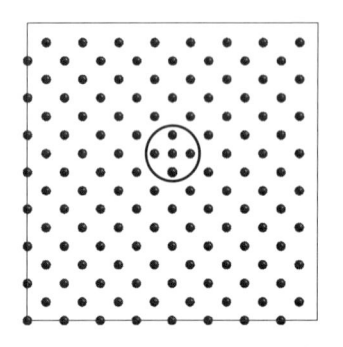

図 3.51　自己格子間原子のモデル

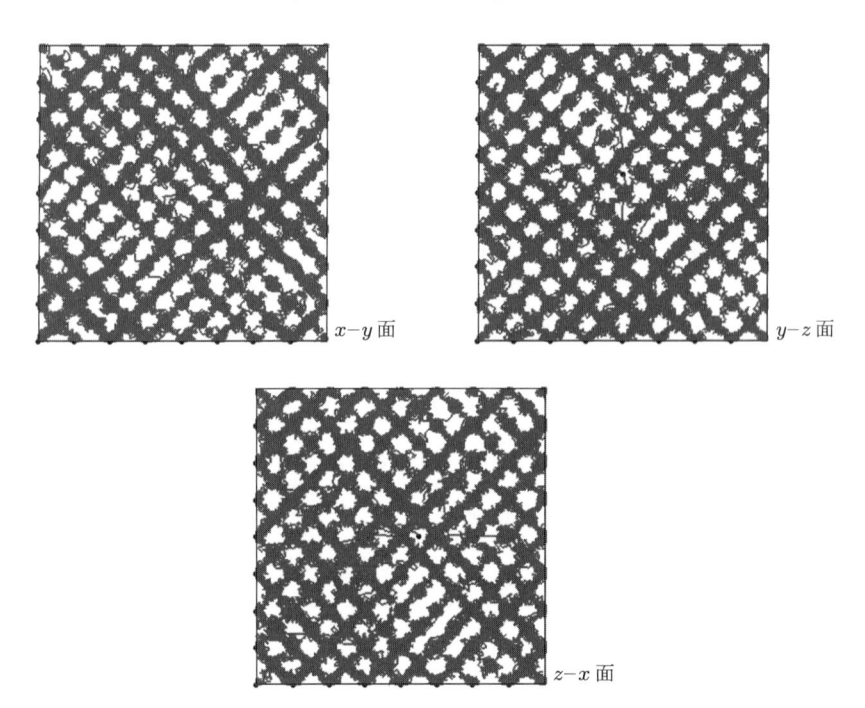

図 3.52　鉄原子の軌跡．自己格子間原子が一つ含まれたモデル．

起因する．

図 3.53 に平均 2 乗変位を示す．グラフの直線近似式の傾きは $5.491 \times 10^{-3}$ となり，アインシュタインの公式 (1.37) から，自己拡散係数は$5.491 \times 10^{-3}/6 = 9.152 \times 10^{-4}\,\text{Å}^2/\text{ps} = 9.152 \times 10^{-8}\,\text{cm}^2/\text{s}$となる **答**．問 (1) と比較して，自己拡散係数が 2 桁以上大きくなっていることがわかる．

(3) 図 3.54 に示すように，自己格子間原子の入った Fe 結晶において，格子に入っている Fe 原子 1 個を Cu と置換する．その結果，1024 個の Fe 原子と 1 個の Cu 原子のモデルとなる．

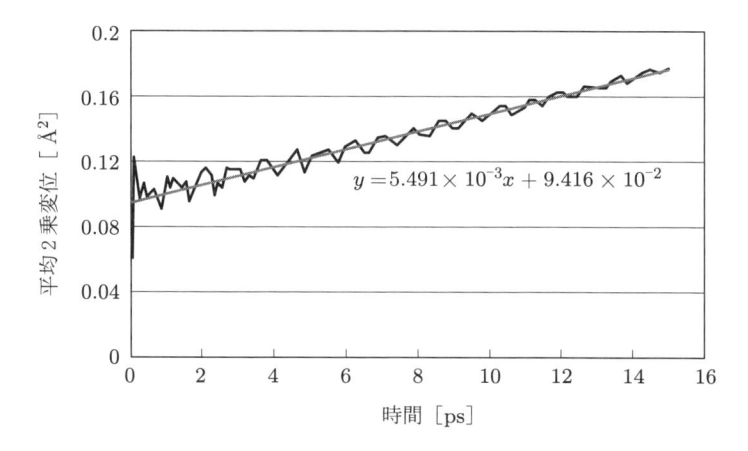

図 3.53 自己格子間原子を含む系の平均 2 乗変位と，拡散係数を求めるための傾き

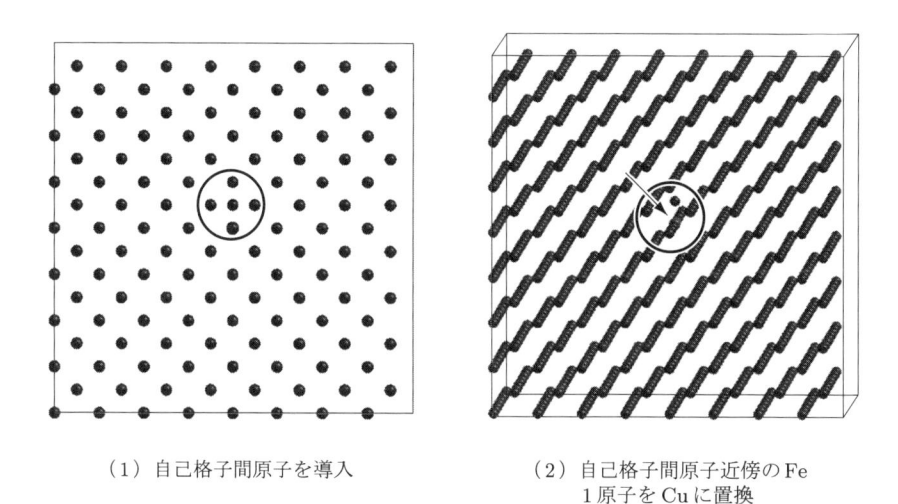

（1）自己格子間原子を導入　　（2）自己格子間原子近傍の Fe 1 原子を Cu に置換

図 3.54 自己格子間原子の入った Fe 結晶で，Fe 原子 1 個を Cu と置換したモデル

ほかの計算条件は問 (1) と同じである．鉄と銅原子の軌跡を図 3.55 に示す．鉄原子は問 (2) と同様に拡散するが，銅拡散の頻度は鉄の自己格子間原子と比較して低いことがわかる．

図 3.56 に銅原子の平均 2 乗変位を示す．グラフの直線近似式の傾きは $1.015 \times 10^{-4}$ となり，アインシュタインの式 (1.37) から，$1.015 \times 10^{-4}/6 = 1.692 \times 10^{-5}\,\text{Å}^2/\text{ps} = 1.692 \times 10^{-9}\,\text{cm}^2/\text{s}$ となる 答．

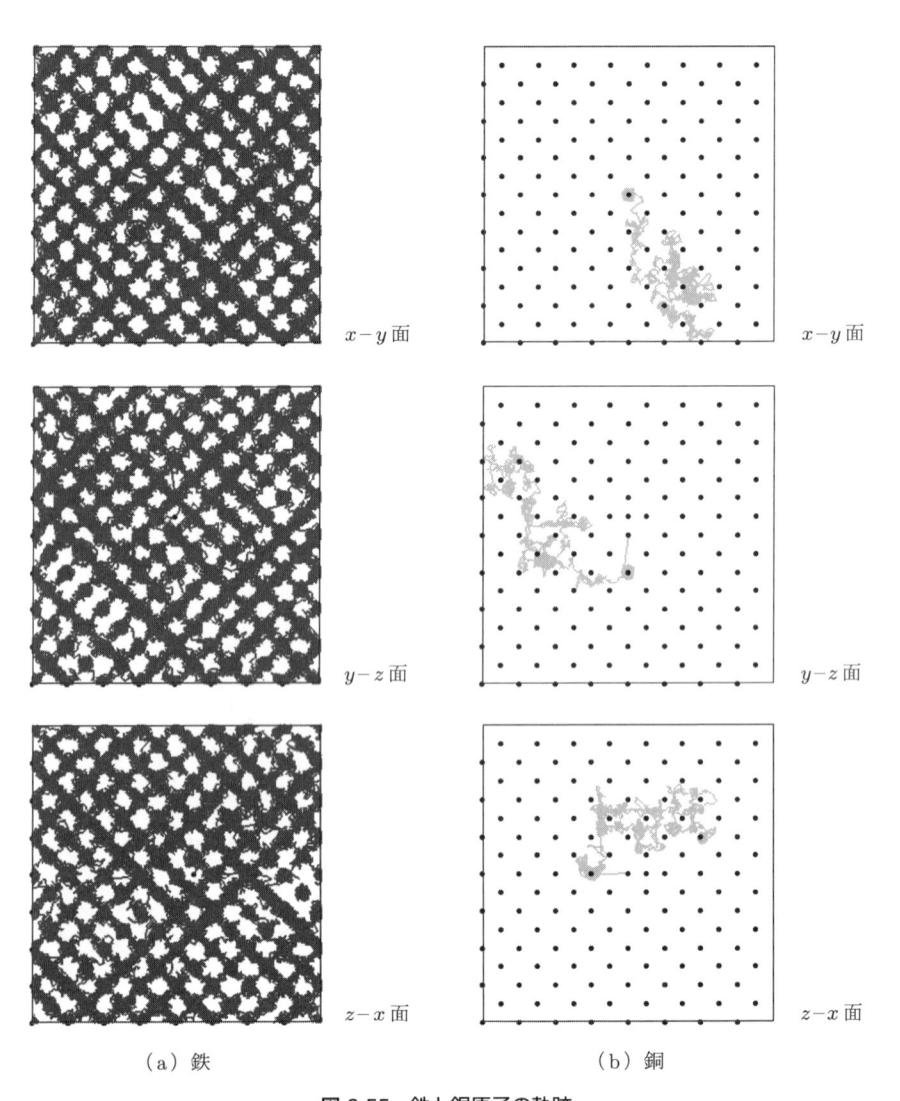

(a) 鉄　　　　　　　　(b) 銅

**図 3.55　鉄と銅原子の軌跡**

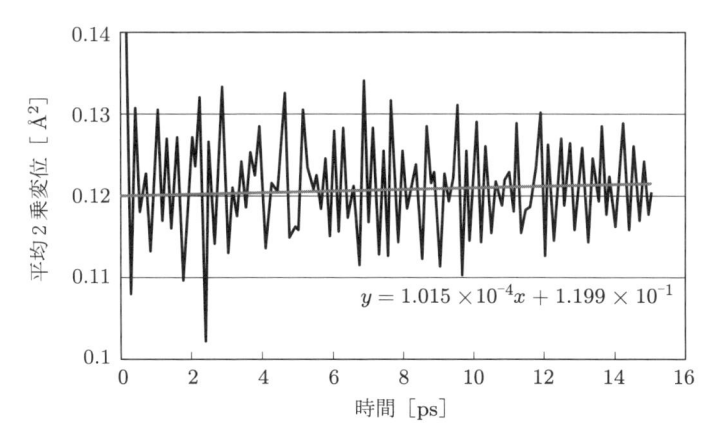

図 3.56 銅の平均 2 乗変位と，拡散係数を求めるための傾き

ただし，この値の取扱いには注意が必要である．図 3.57 に 400 ps と 500 ps 付近の原子の軌跡を示す．図 3.57(a) (400 ps) では，拡散した鉄の自己格子間原子が銅とペアになって拡散していることがわかる．一方，図 3.57(b) (500 ps) では，鉄の自己格子間原子が銅原子から遠く離れて拡散し，銅原子は動いていない．

このような拡散プロセスは，銅原子と格子間原子のペアリングという偶発的な要素を含み，非常に遅い現象のため，定量値の算出にはより長い計算が必要である．また，結果は格子間原子の濃度（系のサイズと格子間原子の個数）に強く依存すると考えられ，実験値と比較する際には注意を要する．

(a) 400 ps  (b) 500 ps

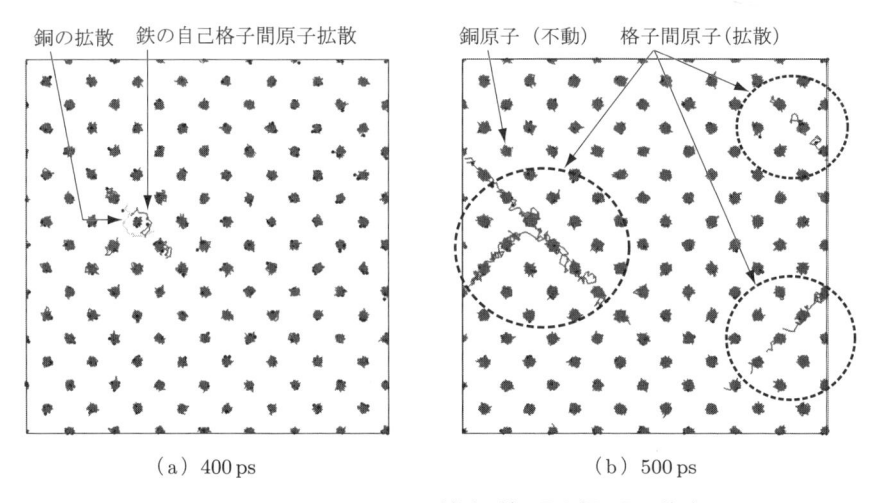

図 3.57 400 ps と 500 ps 付近の鉄原子と銅原子の軌跡

### 演習問題 7　弾性定数の求め方（ひずみ制御）

MD セルの形状を変化させて系にひずみを与える方法により，0 K における $\alpha$ 鉄の弾性定数 $C_{11}$, $C_{12}$, $C_{44}$ を求めよ．ただし，ポテンシャルには FS ポテンシャルを用いよ．

☞ 「1.5 (6) 弾性定数」，「2.3 (2) FS ポテンシャル」

### 解答

系のサイズとして，ユニットセルを $5 \times 5 \times 5$ 個重ね合わせたものを用いる．そのままのセルサイズでは応力がゼロになることが保証されていないので，計算を 2 段階に分ける．

(1) NTP アンサンブルにより，応力が 1 atm（ほぼゼロ）になるセルサイズを求める
(2) 求めたセルサイズを基準に，系の形状マトリックスを変化させて系にひずみを与え，応力を求める（垂直ひずみとせん断ひずみをそれぞれ与える）

なお，分子動力学では温度が 0 K だと原子の運動が起こらないため，十分に低い 0.1 K で計算を行う．

### (1) 応力がゼロになるセルサイズの算出

計算条件を表 3.20 に示す．計算の結果から格子サイズの平均値を求めると，格子サイズ 2.8665 Å が得られた．

表 3.20　計算条件表 その 1

| アンサンブル | NTP |
|---|---|
| 温度 | 0.1 K |
| 圧力 | 1 atm |
| 総ステップ数 | 5000 steps |
| 時間刻み幅 | 0.5 fs |
| ポテンシャル | FS |

### (2) 系の形状マトリックスを変化させて系にひずみを与え，応力を求める

$x$ 方向のセルサイズを 1%だけ短くして（ほかの方向のセルサイズは変えない），系に変形を加える．具体的には，セルサイズを 14.3325 Å（$2.8665 \times 5$）から 14.189175 Å に変化させる．計算条件を表 3.21 に示す．

表 3.21 計算条件表 その 2

| アンサンブル | NTV |
|---|---|
| 温度 | 0.1 K（速度スケーリング法） |
| 総ステップ数 | 5000 steps |
| 時間刻み幅 | 0.5 fs |
| ポテンシャル | FS |

この結果, $x$ 方向には引張応力が, $y$ 方向にはポアソン比分の収縮が拘束されることによる圧縮応力が発生する. 系が十分に平衡に達した最後の 500 ステップの平均値より応力値を求めると, $\sigma_x = 2.476 \times 10^4$ atm $= 2.508$ GPa, $\sigma_y = 1.381 \times 10^4$ atm $= 1.399$ GPa が得られる. 式 (1.43) より, $C_{11} = \sigma_x/\varepsilon_x = 250.8$ GPa, $C_{12} = \sigma_y/\varepsilon_x = 139.9$ GPa が得られる 答.

次に, 式 (1.47) より $C_{44}$ を求める. まず, MD セルを各面で傾ける. 具体的には, MD セルの各角度を $88.849°$ とする. この角度変化 $\Delta\theta (= 90° - 88.849°) = 1.151° = 0.02$ rad によるグリーン - ラグランジュひずみは, $\varepsilon = \Delta u/L = \tan(\Delta\theta/2) \approx \Delta\theta/2 = 0.01$ となり, 工学ひずみは $\gamma = 2\varepsilon = \Delta\theta = 0.02$ となる. グリーン - ラグランジュひずみと工学ひずみの間には, 式 (1.25) のように倍半分の関係があることに注意する.

分子動力学の結果から, せん断応力は $\tau = 2.401 \times 10^4$ atm $= 2.432$ GPa となり, $C_{44} = \tau/\gamma = 121.6$ GPa が得られる 答.

計算結果と FS ポテンシャルの文献値を表 3.22 に示す. 表より, ほぼ同じ値が得られていることがわかる.

表 3.22 FS ポテンシャルによる $\alpha$ 鉄の弾性定数（GPa）〜ひずみ制御法

| | MD | 文献値 |
|---|---|---|
| $C_{11}$ | **250.8** | 243.1 |
| $C_{12}$ | **139.9** | 138.1 |
| $C_{44}$ | **121.6** | 121.9 |

### 演習問題 8　弾性定数の求め方（応力制御）

パリネロ - ラーマン法により MD セルに応力を与える方法を用いて, 0 K における $\alpha$ 鉄の弾性定数 $C_{11}, C_{12}, C_{44}$ を求めよ. ただし, ポテンシャルには FS ポテンシャルを用いよ.

☞ 「1.5 (6) 弾性定数」,「2.3 (2) FS ポテンシャル」

### 解答

**【演習問題 7】** で用いた応力ゼロの MD セルを初期状態として用い，パリネロ–ラーマン法（等応力アンサンブル）で $x$ 方向の応力を設定した計算を行う．計算結果から MD セル辺長を計測し，$\varepsilon_x$ と $\varepsilon_y$ を求め，応力ひずみの関係式 (1.50) から弾性定数 $C_{11}, C_{12}$ を求める．また同様に，せん断応力を与える計算を行う．計算結果から MD セルの傾き角を計測し，$\gamma_{xy}$ を求め，応力ひずみの関係式 (1.51) から弾性定数 $C_{44}$ を求める．計算条件は表 3.23 のとおりである．

表 3.23 計算条件表

| アンサンブル | N$\sigma$T |
|---|---|
| 温度 | 0.1 K |
| 総ステップ数 | 5000 steps |
| 時間刻み幅 | 0.5 fs（ギア法） |
| ポテンシャル | FS |

ここで与えた応力は，$\sigma_x = -0.6977\,\text{GPa}$（圧縮応力）である．圧縮方向のセルサイズは，14.3325 Å から 14.26641 Å に変化した．したがって，$x$ 方向のひずみは $\varepsilon_x = (14.26641 - 14.3325)/14.3325 = -0.0046$ である．圧縮方向と直交する方向のセルサイズは 14.35625 Å に変化したため，$y, z$ 方向のひずみは $\varepsilon_y = \varepsilon_z = (14.35625 - 14.3325)/14.3325 = -0.00166$ である．よって，式 (1.50) より，弾性定数は $C_{11} = 253.4\,\text{GPa}, C_{12} = 142.1\,\text{GPa}$ となる 答．

次に，せん断応力を与えた計算を行った．セルサイズの傾き角の応力負荷後の変化は $\theta = 90.33080°$ となった．したがって，工学ひずみ $\gamma = \Delta\theta = 90.33080° - 90.0° = 0.33080° = 0.00577\,\text{rad}$ となる．負荷した応力は $\tau_{xy} = -0.6977\,\text{GPa}$ なので，式 (1.51) より，弾性定数は $C_{44} = 120.8\,\text{GPa}$ となる 答．

以上より，**【演習問題 7】** とほぼ同じ値が得られていることがわかる．表 3.24 にひずみ制御法の結果とまとめて示す．

表 3.24 FS ポテンシャルによる $\alpha$ 鉄の弾性定数（GPa）
〜応力制御法とひずみ制御法の比較

|  | 応力制御法 | ひずみ制御法 | 文献値 |
|---|---|---|---|
| $C_{11}$ | 253.4 | 250.8 | 243.1 |
| $C_{12}$ | 142.1 | 139.9 | 138.1 |
| $C_{44}$ | 120.8 | 121.6 | 121.9 |

## 演習問題 9  空孔形成エネルギーの算出

$\alpha$ 鉄中の 0 K における空孔形成エネルギーを求めよ．ポテンシャルには FS ポテンシャルおよびジョンソンポテンシャルを用いよ．格子サイズは**【演習問題 7】**と同じとする．

☞ 「1.5 (7) 空孔形成エネルギー」
　「2.1 (3) ジョンソンポテンシャル」，「2.3 (2) FS ポテンシャル」

### 解答

系のサイズとして，ユニットセルを $5 \times 5 \times 5$ 個重ね合わせたものを用いる．最初に凝集エネルギーを求めるため，図 3.58(a) のような完全結晶の計算を行う．計算条件を表 3.25 に示す．その結果，FS ポテンシャル，ジョンソンポテンシャルのそれぞれについて，系全体のポテンシャルエネルギー $E^N = -1.0700 \times 10^3$ eV，$-3.84301 \times 10^2$ eV が得られた．これを原子個数 250 で割ると，凝集エネルギーはそれぞれ $E_{\text{coh}} = 4.28$ eV/atom, $1.54$ eV/atom となった．FS ポテンシャルは凝集エ

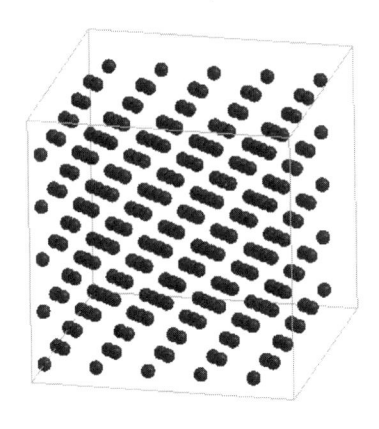

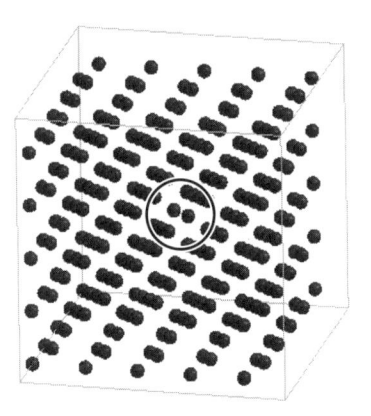

(a) 完全結晶　　　　　(b) MD セル中心に空孔を一つ含む結晶

図 3.58  計算モデル

表 3.25  計算条件表 その 1

| アンサンブル | NTV |
|---|---|
| 温度 | 0.01 K |
| 総ステップ数 | 2 steps |
| 時間刻み幅 | 1 fs |
| ポテンシャル | FS，ジョンソン |

ネルギーが実験値（4.28 eV/atom）に合わせ込まれているが，ジョンソンポテンシャルは合わせ込まれていないことがわかる．

次に，図 3.58(b) のように，中心に空孔を一つ含む系の計算を行う．空孔を含むモデルの計算条件を表 3.26 に示す．温度を 0.01 K に設定しているのは，温度のゆらぎを最小限に抑えつつ，空孔まわりの構造を最適化するためである．

表 3.26 計算条件表 その 2

| アンサンブル | NTV |
|---|---|
| 温度 | 0.01 K |
| 総ステップ数 | 10000 steps |
| 時間刻み幅 | 1 fs |
| ポテンシャル | FS, ジョンソン |

ここで，構造緩和されていない最初のステップの値（非緩和）と，構造緩和が終了した最後のステップの値（緩和）の両方を求める．結果として得られた，空孔を含む系のポテンシャルエネルギー $E_{\text{defect}}^{N-1}$ と，空孔形成エネルギー $E_V$ を表 3.27 にまとめる．FS ポテンシャルの空孔形成エネルギーは，実験値 $2.0 \pm 0.2$ eV とよく一致していることがわかる．ジョンソンポテンシャルの非緩和構造の空孔形成エネルギーは，凝集エネルギーと一致する．これは，2.1 節で述べたように，結合・未結合の概念が取り入れられていない 2 体ポテンシャルの特徴である．

表 3.27 空孔を含む系のポテンシャルエネルギー $E_{\text{defect}}^{N-1}$ と空孔形成エネルギー $E_V$（eV）

| | 非緩和構造 | | 緩和構造 | |
|---|---|---|---|---|
| | $E_{\text{defect}}^{N-1}$ | $E_V$ | $E_{\text{defect}}^{N-1}$ | $E_V$ |
| FS | $-1.06368 \times 10^3$ | 2.05 | $-1.06390 \times 10^3$ | 1.83 |
| ジョンソン | $-3.81173 \times 10^2$ | 1.54 | $-3.81338 \times 10^2$ | 1.37 |

### 演習問題 10　表面エネルギー

Cu と Ni の (001) 面の表面エネルギーを求めよ．ただし，ポテンシャルは GEAM ポテンシャルとする．

☞「1.5 (8) 表面エネルギー・界面エネルギー」，「2.3 (3) GEAM ポテンシャル」

**解答**

図 3.59(a) のように，Cu, Ni ともユニットセルを 5×5×5 個だけ積み重ねて，周期

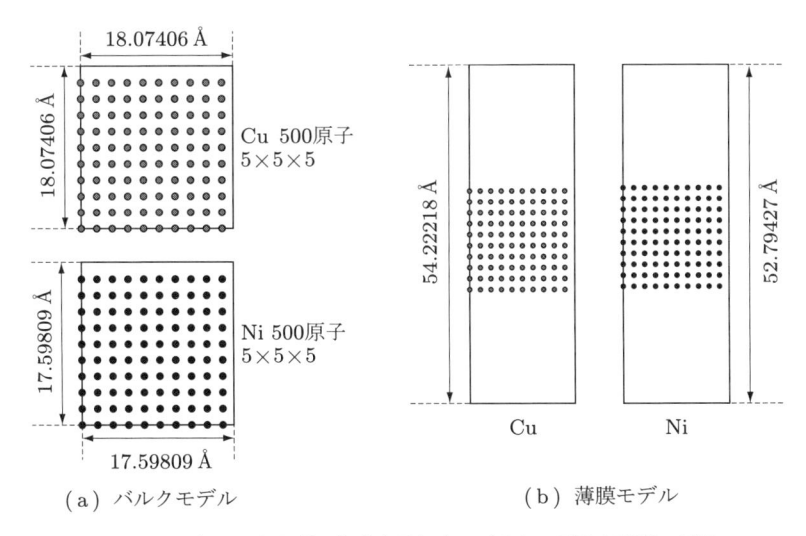

図 3.59　表面エネルギーを求めるためのバルクモデルと薄膜モデル

境界条件を適用して完全結晶を作成する（それぞれの格子定数は $a_{\text{Cu}} = 3.614812\,\text{Å}$, $a_{\text{Ni}} = 3.519618\,\text{Å}$）．このとき，図 3.59(b) のように，一方向（$z$ 方向）のセルのサイズだけポテンシャルのカットオフ以上の距離に大きく取れば，薄膜モデル（表面モデル）を作成することができる．

バルクと薄膜モデルの計算条件を表 3.28 に示す．温度を $0.01\,\text{K}$ としているのは，温度のゆらぎを最小限に抑えつつ，構造最適化を行うためである．

表 3.28　計算条件表

| アンサンブル | NTV |
|---|---|
| 温度 | 0.01 K |
| 総ステップ数 | 10000 steps |
| 時間刻み幅 | 1 fs |
| ポテンシャル | GEAM |

表面エネルギーは，表面を含んだ系のエネルギー $E_{\text{surf}}$ とバルクのエネルギー $E_{\text{bulk}}$ の差を表面積 $2A$（$A$ は片方の面の表面積）で割った値であり，式 (1.53) で定義できる．
Cu の計算結果から，$E_{\text{surf}}^{\text{Cu}} = -2.737276 \times 10^{-16}\,\text{J}$, $E_{\text{Bulk}}^{\text{Cu}} = -2.835720 \times 10^{-16}\,\text{J}$, 表面積 $A^{\text{Cu}} = 3.26671610^{-18}\,\text{m}^2$ より，$\underline{\gamma_{\text{surf}}^{\text{Cu}} = 1.51\,\text{J/m}^2}$ が得られた 答．

Ni の計算結果から，$E_{\text{surf}}^{\text{Ni}} = -3.447595 \times 10^{-16}\,\text{J}$, $E_{\text{Bulk}}^{\text{Ni}} = -3.564875 \times 10^{-16}\,\text{J}$, 表面積 $A^{\text{Ni}} = 3.096928 \times 10^{-18}\,\text{m}^2$ より，$\underline{\gamma_{\text{surf}}^{\text{Ni}} = 1.89\,\text{J/m}^2}$ が得られた 答．

## 演習問題 11　界面エネルギー

　CuとNiの(001)面をコヒーレントに貼り合わせた界面モデル（図 3.60(a) のように，異なる格子定数の結晶どうしを同じ格子定数になるようにひずませて貼り合わせたモデル）より，CuとNiの界面エネルギーを求めよ．ただし，【演習問題 10】のモデルを用い，ポテンシャルはGEAMポテンシャルとする．

☞「1.5 (8) 表面エネルギー・界面エネルギー」，「2.3 (3) GEAMポテンシャル」

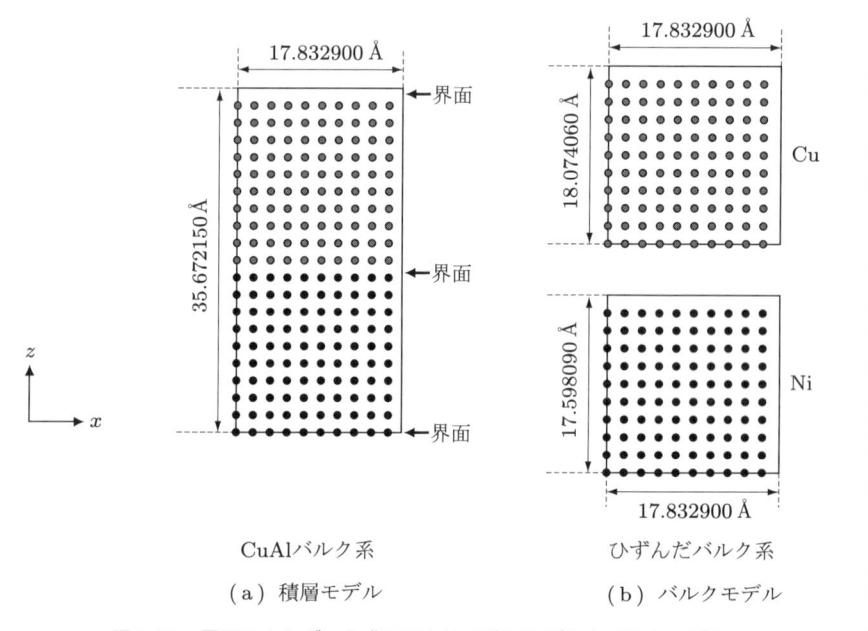

図 3.60　界面エネルギーを求めるための積層モデルとバルクモデル

(a) 積層モデル　CuAlバルク系

(b) バルクモデル　ひずんだバルク系

### 解答

　CuとNiの格子定数はそれぞれ $a_{\mathrm{Cu}} = 3.614812\,\text{Å}$，$a_{\mathrm{Ni}} = 3.519618\,\text{Å}$ であり，Cuのほうが大きいため，Cuを圧縮し，Niを引っ張って貼り合わせる．その際，それぞれのひずみの絶対値が等しくなるように，MDセルの辺長を $17.8329\,\text{Å}$ と設定した．図 3.60(a) のようにCuとNiを貼り合わせて周期境界条件を適用すると，界面が真ん中と両端の2箇所にできる．この二つの界面を含む系のエネルギーから，それぞれのバルクのエネルギーを引けば界面エネルギーが求められるが，上記のように系をひずませるため，ひずみエネルギーを考慮して，図 3.60(b) のように，ひずんだバルクのエネルギーを求めて，引き算を行う．

表 3.29 計算条件表

| アンサンブル | NTV |
|---|---|
| 温度 | 0.01 K |
| 総ステップ数 | 10000 steps |
| 時間刻み幅 | 1 fs |
| ポテンシャル | GEAM |

計算条件を表 3.29 に示す．

計算の結果，Cu/Ni 界面モデルのエネルギー $E_{\text{bulk}}^{\text{CuNi}} = -6.392596 \times 10^{-16}$ J，ひずんだバルクのエネルギー $E'^{\text{Cu}}_{\text{bulk}} = -2.832502 \times 10^{-16}$ J, $E'^{\text{Ni}}_{\text{bulk}} = -3.561154 \times 10^{-16}$ J, 表面積 $A^{\text{CuNi}} = 3.180123 \times 10^{-18}$ m$^2$ より，界面エネルギーは

$$\gamma^{\text{CuNi}} = \frac{E_{\text{bulk}}^{\text{CuNi}} - E'^{\text{Cu}}_{\text{bulk}} - E'^{\text{Ni}}_{\text{bulk}}}{2A^{\text{CuNi}}} = 1.67 \times 10^{-2} \text{ J/m}^2 \text{ となった } \boxed{答}.$$

### 演習問題 12　カーボンナノチューブの座屈変形

図 3.61 のようなカイラリィティインデックスが (10,10) の炭素のシングルウォールカーボンナノチューブの左端を完全拘束し，右端に外力としてそれぞれの原子に $1.0 \times 10^{-10}$ N の荷重を与える解析を行い，変形挙動を観察せよ．図はナノチューブを側面から見たものである．ポテンシャルはターソフポテンシャルを用いよ．

☞「1.5 (1) 原子の座標と速度」，「2.2 (2) ターソフポテンシャル」

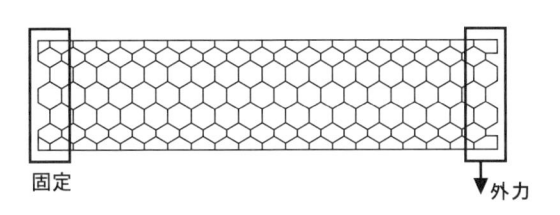

図 3.61　カーボンナノチューブの変形解析

### 解答

計算条件を表 3.30 に示す．カーボンナノチューブの計算にはブレーナーポテンシャルが用いられることが多いが，ここでは用いたソフトウェアの都合で，ターソフポテンシャルを用いる．

表 3.30　計算条件表

| アンサンブル | NTV |
| --- | --- |
| 温度 | 298 K |
| 総ステップ数 | 40000 steps |
| 時間刻み幅 | 0.5 fs |
| ポテンシャル | ターソフ |

図 3.61 にあるように，左端の原子には変位が生じないように拘束する．右端の原子には通常の原子間力のほかに，外場として一定の外力を付加する．最初の 10000 steps は $1.0 \times 10^{-10}$ N の外力を加える．その後の 20000 step は外力を $8.0 \times 10^{-11}$ N とし，最後の 10000 step は 0 N として完全に除荷する．

原子を固定している左端は絶対零度になるため，常に左端に熱が奪われてくことになる．また，変形による温度変化も生じる．これらの温度変化を防ぐために，温度一定の制御（NTV アンサンブル）をかける．

0~1 ps における変形の様子を図 3.62 に示す．図には側面図と下面図の両方を示す．ナノチューブはゆるやかに曲がり，曲げの弾性変形が生じていると考えられる．

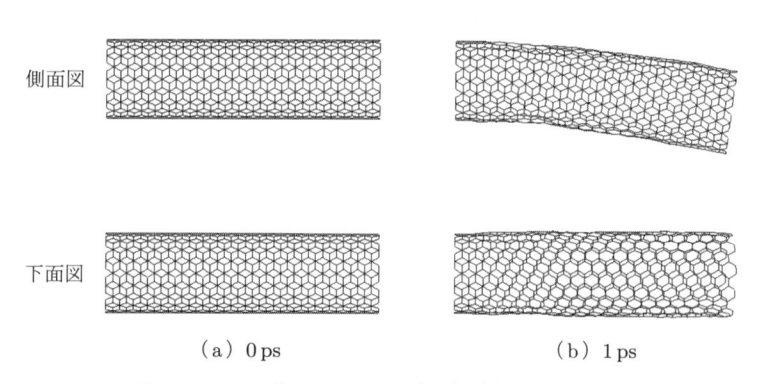

(a) 0 ps　　(b) 1 ps

図 3.62　カーボンナノチューブの曲げ変形（0~1 ps）

2~3 ps における変形の様子を図 3.63 に示す．2 ps 後にカーボンナノチューブの下面の固定端から近い場所（図中に矢印で示す）から座屈が生じ，変形が大きく進むことがわかる．このような変形は，配管のような円筒構造物でも見られる．

4~5 ps における変形の様子を図 3.64 に示す．図 3.63 と比較して，さらに大きく座屈が生じることがわかる．しかし，目立った破壊は起こっておらず，カーボンナノチューブは非常に柔軟な構造であることがわかる．

図 3.65 に除荷後の構造を示す．構造はすべて六員環で形成され，ほぼ元の形状に

側面図 (a) 2 ps  (b) 3 ps
下面図

図 3.63 カーボンナノチューブの曲げ変形（2〜3 ps）

側面図 (a) 4 ps  (b) 5 ps
下面図

図 3.64 カーボンナノチューブの曲げ変形（4〜5 ps）

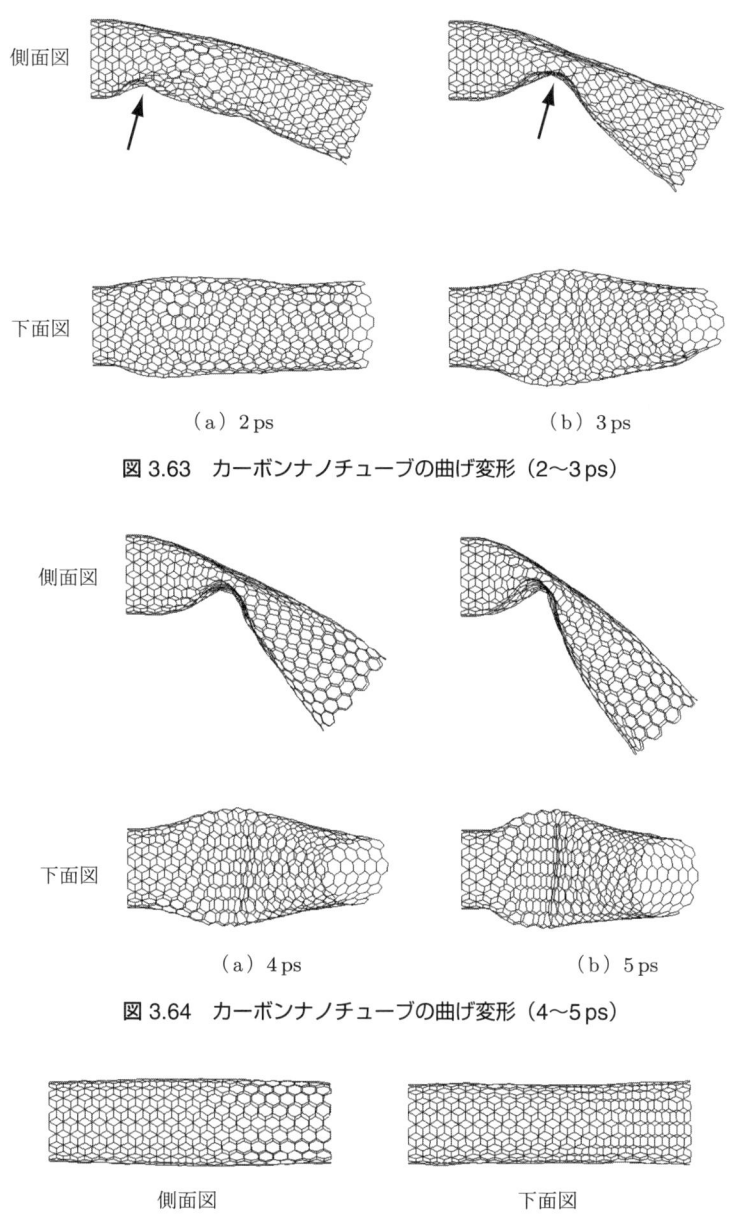

側面図　　　　　下面図

図 3.65 カーボンナノチューブの曲げ変形（20 ps）

戻っていることがわかる．ただし，六員環の重なりを見ると，図 3.62(a) と図 3.65 で少し構造が変わっていることがわかる．これは，屈曲の際にナノチューブがねじれて，ねじれ振動が生じているためである．

## 3.4 応用問題（分子動力学のモデリングとシミュレーション）

　計算機シミュレーションのモデリングとは，現実世界の現象の本質をとらえ，何らかの概念モデル，数理・計算モデルで表すことであり，狭義には 1 章で説明したような，分子動力学の系の大きさや境界条件，差分法，用いるアンサンブル，原子間ポテンシャルの設定などの基礎的な手法のことであるが，広義には，分子動力学の計算結果を現実世界と対応させるための計算系の工夫・解釈の方法である．計算機シミュレーションの品質を扱う米国機械学会の ASME V&V 10-2006 では，前者を計算の verification（検証），後者を validation（妥当性の確認）とよんでいる．

　つまり，これは，分子動力学で理論的に正確な計算を多く実施（これを狭義の意味でシミュレーションとよぶ）したからといって，それが現実世界の現象を表すわけではなく，現実の現象と比較するためには，実験結果との比較を通じた深い考察が必要であることを意味している．分子動力学の計算は，原子を取り扱うという性質上，計算系の設定，計算結果の解釈にはさまざまな工夫が必要である．とくに，現実の系と同程度の空間・時間サイズを取り扱うことができないため，これをモデリングにより克服する必要がある．

　ただし，統計熱力学的アンサンブルを使って，均質な系の平衡状態の物性値のアンサンブル平均を求めるような場合は，周期境界条件の仮定により，マクロな物性値と 1 対 1 に対応する結果が得られる．しかし，興味のあるほとんどの系は不純物や欠陥などを含む不均質系であり，かつ拡散のような平衡状態でない現象に着目することが多い．このような系においては，時間・空間スケールの問題を深く考えてモデリングする必要がある．

　分子動力学で取り扱う空間スケールは nm のレベルであり，現実系の m レベルとの間には $10^9$ のスケールのギャップがある．これは，分子動力学の系の大きさを 1 mm と考えたとき，現実系は 1000 km の大きさ（東京 – 種子島間）に相当する．1 mm のサイズの現象が 1000 km の現象を代表するかという問題が生じるが，多くの現象は，スケールによって生じている現象が違うので，1 mm の分子動力学の計算結果で現実系を理解するのは短絡的である．

　加えて，分子動力学では時間刻み $\Delta t$ が fs のスケールであるため，扱う時間スケールが ps 程度であり，現実の 1 s との間には $10^{12}$ のスケール差がある．これは，分子動力学の計算結果を 1 s とすると，現実系は 10 万年（人類誕生の歴史）に相当する．ここでも 1 s の長さの現象が 10 万年後に何か影響するかという問題が生じるが，多くの場合は，長い時間スケールの間にさまざまなことが起こって現象が変わってしまうであろう．

## 3.4 応用問題（分子動力学のモデリングとシミュレーション）

分子動力学のモデリングのためには，本書で説明した範囲の知識やソフトウェアの使い方以外に，図 0.1 で示したとおり，幅広い知識が必要である．これらの知識は本書の範囲を超えるので解説することはできないが，次の 2 題の演習問題を通じて，分子動力学のモデリングの考え方，空間・時間スケールのとらえ方について紹介する．

近年の研究により，分子動力学の限界はすでに明らかになっており，現在ではほかのシミュレーションツールと組み合わせることによって成果を挙げている．

たとえば，空間・時間スケールの克服のためには，モンテカルロ法や転位動力学，有限要素法などの別のシミュレーションツールと並行して分子動力学を使うことが多い．このような，複数のシミュレーションを扱うマルチフィジックス・マルチスケールシミュレーションは，今後の発展が期待されている分野である．

### 演習問題 13　結晶成長の初期過程

Ni 基板上の Cu の結晶成長を考える．(001) 面の Ni 基板上に 6 個の Cu 原子を置き，その挙動を観察せよ．ただし，ポテンシャルは GEAM ポテンシャルを用いよ．

☞「1.5 (1) 原子の座標と速度」，「2.3 (3) GEAM ポテンシャル」

### 解答

図 3.66 のように，Ni 結晶基板（$10 \times 10 \times 5$，2000 原子）上にランダムに Cu を 6 原子配置する．【演習問題 10】のような薄膜モデルだとモデル全体が表面方向に並進

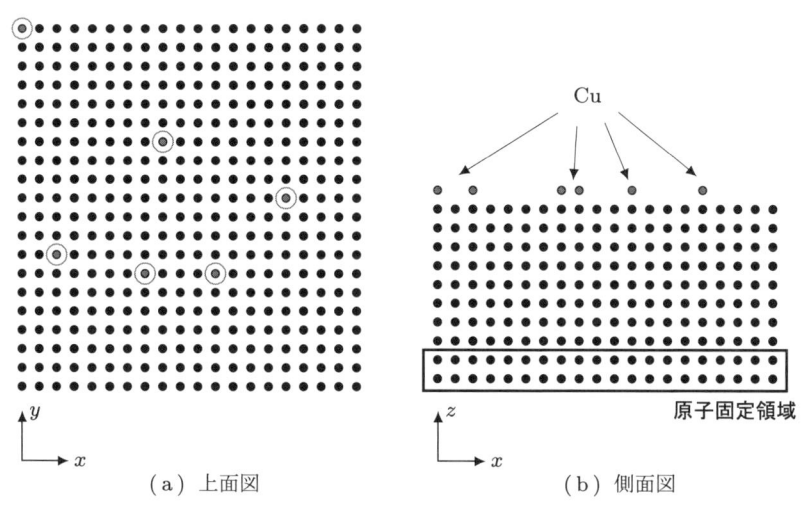

(a) 上面図　　　　　　　　　(b) 側面図

図 3.66　結晶成長のモデリング

表 3.31　計算条件表

| アンサンブル | NTV |
| --- | --- |
| 温度 | 900 K |
| 総ステップ数 | 200000 steps |
| 時間刻み幅 | 1 fs |
| ポテンシャル | GEAM |

運動する可能性があるので，Ni 結晶基板の下 2 層の原子位置を固定する．計算条件を表 3.31 に示す．

　表面上の Cu 原子の軌跡を図 3.67 に示す．また，見やすいように，Cu 原子だけプロットしたものを図 3.68 に示す．最初はバラバラに配置されていた Cu 原子が拡散し，凝集してペアになって拡散していることがわかる（20 ps 近辺）．その後，ペアになった原子が別の原子や別のペアと合体し，4 個の原子で形成されるアイランド（島）ができる（70 ps 以降）．その後，アイランドは変形しながらゆっくりと表面を移動する．

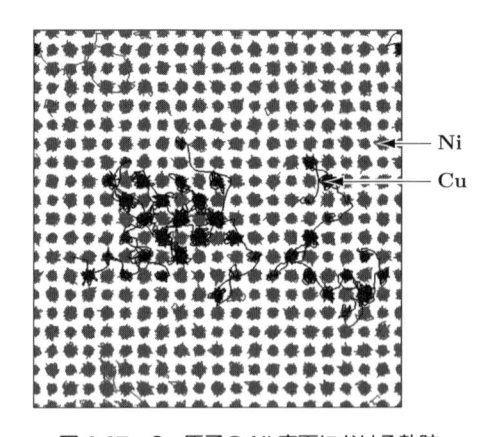

図 3.67　Cu 原子の Ni 表面における軌跡

**考察**

　物理吸着による結晶成長は，図 3.69 に示すように，原子の堆積・拡散・凝集により小さなアイランドを形成し，それが移動と合体を繰り返して大きくなっていく．図 3.70 のように，大きくなったアイランドどうしが結合し，連続膜ができるといわれている．

　一般に，原子の堆積の頻度は，分子動力学の原子振動の時間スケールと比較して非常に低いため，実験と時間スケール合わせた計算を行うことは難しい．そのため，本計算は結晶成長のほんの初期過程を扱っているにすぎない．

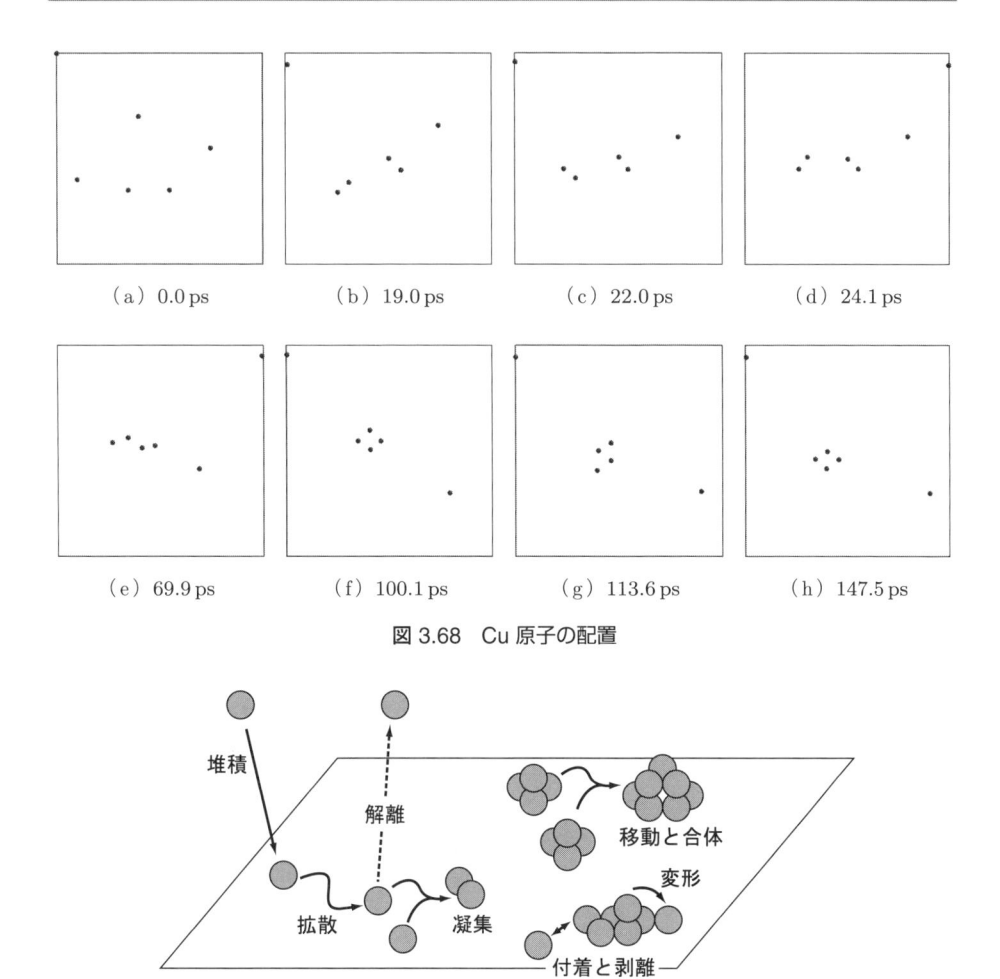

| (a) 0.0 ps | (b) 19.0 ps | (c) 22.0 ps | (d) 24.1 ps |
| (e) 69.9 ps | (f) 100.1 ps | (g) 113.6 ps | (h) 147.5 ps |

図 3.68 Cu 原子の配置

図 3.69 物理吸着による基板上のアイランドの形成

本計算では，原子の堆積，堆積の間の表面拡散，初期のアイランド形成過程を扱った．分子動力学では，このような空間スケールが小さい素過程は扱えるが，現実の膜形成のスケールを扱うことはできない．また，アイランドが大きくなると，移動の活性化エネルギーが大きくなり，徐々に不動化するといわれており，分子動力学で扱える時間スケールを超えると考えられる．

このように，結晶成長には多種多様の空間・時間スケールの現象が含まれるため，実験と対応させたシミュレーションを行うには，モンテカルロ法などの分子動力学以外の計算手法が必要であると考えられる．そのモデリングの際には，分子動力学による素過程の解析結果が有効であると考えられる．

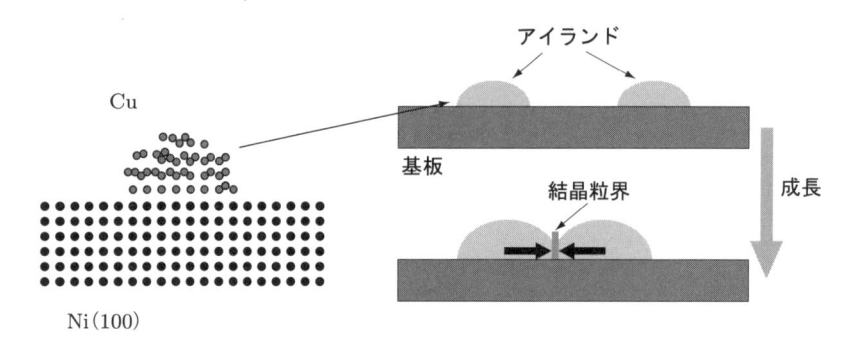

図 3.70　アイランドの生成と合体

### 演習問題 14　ナノピラーの塑性変形

Cu 原子でナノピラー（ナノスケールの柱）構造を作成し，その構造を高さ方向に圧縮することにより生じる弾性・塑性変形を観察せよ．系の大きさは，直径 47 Å，高さ 108.45 Å 程度とし，ポテンシャルには EAM タイプの RGL ポテンシャル[*7]を用いよ．温度は 700 K とする．
☞「1.5 (1) 原子の座標と速度」，「2.3 (1) EAM ポテンシャル」

#### 計算例

図 3.71 のように原子を配置し，$z$ 方向には周期境界条件を，$x, y$ 方向は【演習問題 10】と同様に，セルサイズを大きく設定して表面を作成する．このようにして，ナノピラー

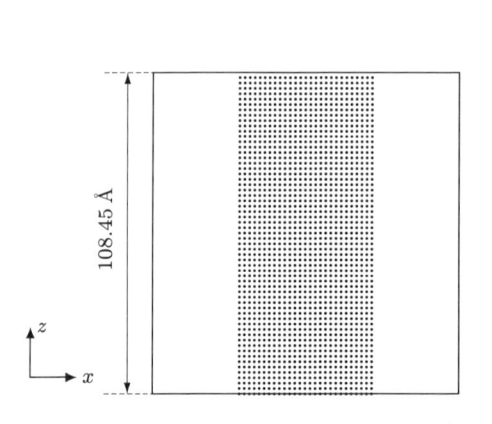

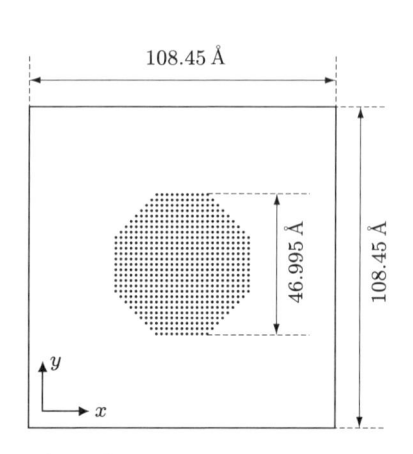

図 3.71　ナノピラーのモデリング

---

[*7] V. Rosato, M. Guillope, B. Legrand, Phil. Mag., A 59 (1989) 321.

## 3.4 応用問題（分子動力学のモデリングとシミュレーション）

を作成する．

まず，基準となる応力ゼロでのセルサイズを求めるため，NTP アンサンブルの計算（10000 ステップ，700 K）を行う．計算条件を表 3.32 に示す．計算の結果，得られた高さ方向のセルサイズ 109.7361 Å を初期条件にして圧縮変形の計算を行う．

圧縮変形の計算は，図 3.72 のように，MD セルの $z$ 方向のセルサイズを縮めることによって行う．ここでのひずみ速度は $1.0 \times 10^8\,\mathrm{s}^{-1}$ である．計算条件を表 3.33 に示す．

計算結果の応力 - ひずみ曲線を図 3.73 に示す．ひずみが $\varepsilon_z = 0.04$ 程度までは弾

表 3.32　計算条件表（応力ゼロでのセルサイズの計算）

| アンサンブル | NTP（立方体維持） |
|---|---|
| 温度 | 700 K |
| 総ステップ数 | 10000 steps |
| 時間刻み幅 | 1 fs |
| ポテンシャル | RGL |

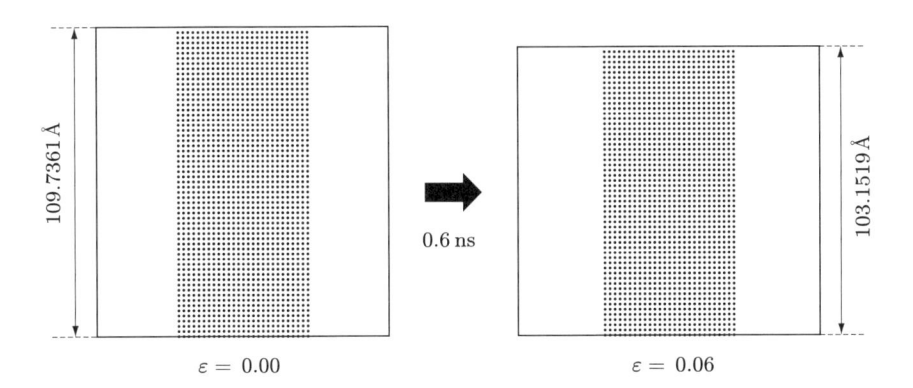

図 3.72　ナノピラーの圧縮変形

表 3.33　計算条件表（圧縮変形）

| アンサンブル | NTV（$z$ 軸方向にセルサイズを変化） |
|---|---|
| $z$ 軸方向のセルサイズ長 | 109.7361 Å → 103.1519 Å |
| 温度 | 700 K |
| 総ステップ数 | 600000 steps |
| 時間刻み幅 | 1 fs |
| ポテンシャル | RGL |

性変形の範囲であるが，その後，2回に分けて応力の急激な低下が起こっていることがわかる．また，原子配置の変化を図 3.74 に示す．応力のドロップが起こるひずみ $\varepsilon_z = 0.044$ 付近で原子図が乱れていることがわかる．発生している転位の可視化のために，Atomeye（巻末のフリーソフト [5]）による中心対称パラメータ表示[*8]を図 3.75 に示す．445 ps（$\varepsilon_z = 0.0445$）において転位が 1 本生成され，斜めにナノピラーを横切っていることがわかる．転位が横切った部分には欠陥はなく，完全結晶（結晶の対称性は崩れている）に戻るため，さらに応力を負担できる．550 ps（$\varepsilon_z = 0.055$）付近では，2本目，3本目の転位が発生し，再び応力のドロップが生じている．

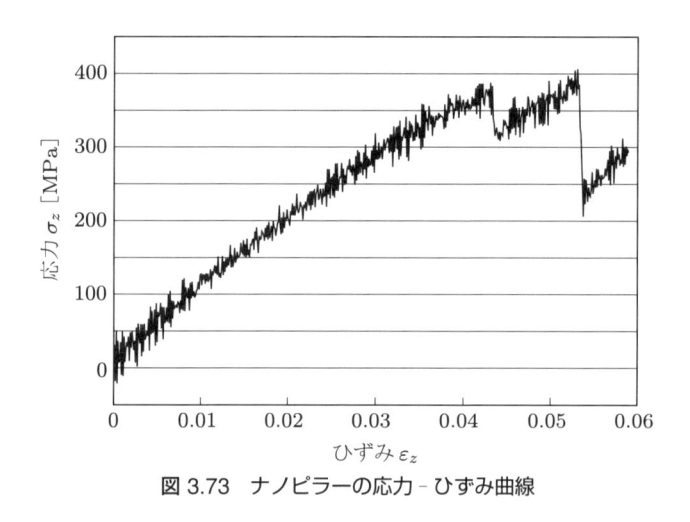

図 3.73 ナノピラーの応力‐ひずみ曲線

このような転位の生成による応力のドロップを繰り返しながら，ナノピラーが大きく塑性変形（転位の生成）により圧縮される過程は，原子間力顕微鏡を使った圧縮実験によって観測されている．

> [!NOTE] 考察

実験のナノピラーは直径 200 nm 程度であり，本計算の 40 倍程度の大きさである．しかし，金属中の転位の速度は速く，転位の生成の待ち時間に比べて無視できるため，転位の生成に関する寸法効果（表面積が大きいことにより転位の生成箇所が増える効果）を考慮すれば，補正は可能であると考えられる．次に，時間スケールであるが，本問題のひずみ速度は実験（$1.0 \times 10^{-3}\,\mathrm{s}^{-1}$）に比べて非常に速い．転位の生成は熱活性

---

[*8] 中心対称パラメータ（central symmetry parameter）とは，各原子の局所環境の反転対称性の破れの度合いを示す特性量として使われ，fcc, bcc 結晶の面欠陥の視覚化に用いられる．詳細は Atomeye のページを参照してほしい．

(a) 440 ps
$\varepsilon_z = 0.044$

(b) 444 ps
$\varepsilon_z = 0.0444$

(c) 445 ps
$\varepsilon_z = 0.0445$

(d) 540 ps
$\varepsilon_z = 0.054$

(e) 545 ps
$\varepsilon_z = 0.0545$

(f) 550 ps
$\varepsilon_z = 0.055$

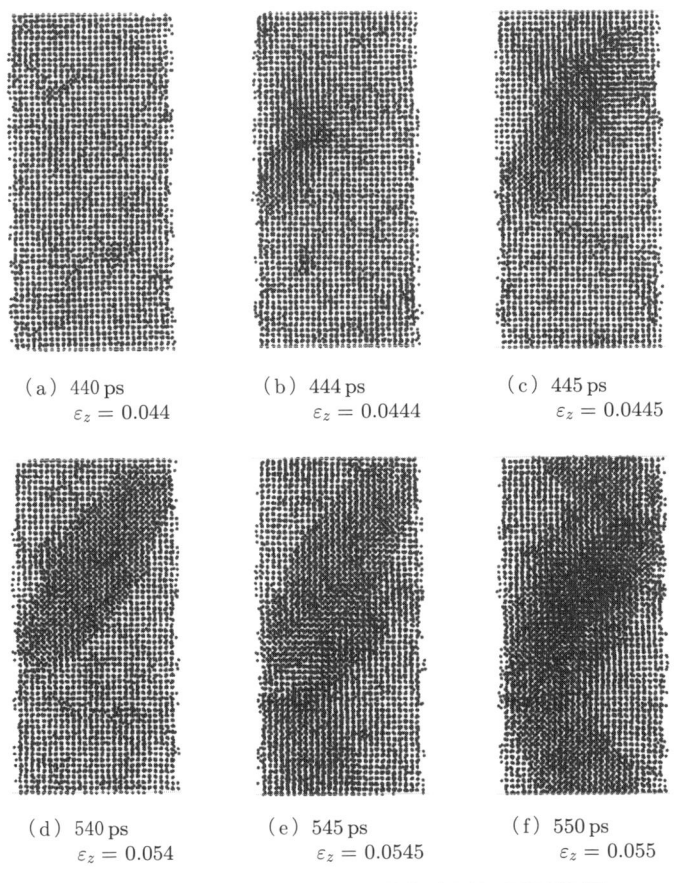

図 3.74 ナノピラーの圧縮変形過程の原子配置図

(a) 445 ps
$\varepsilon_z = 0.0445$

(b) 550 ps
$\varepsilon_z = 0.055$

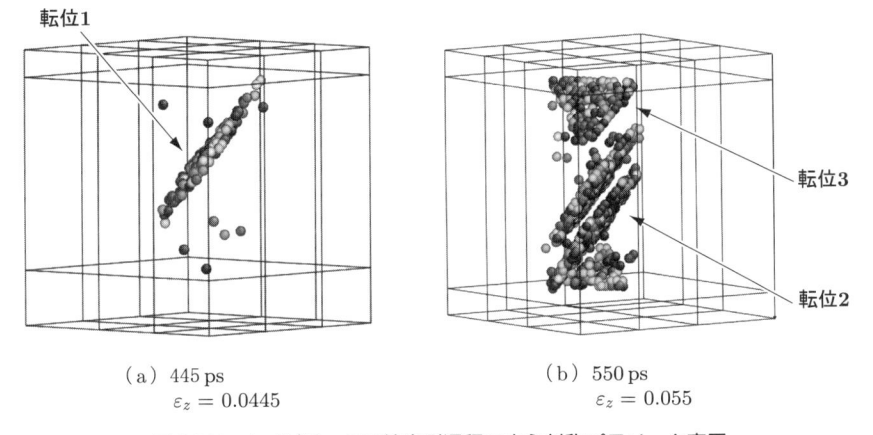

図 3.75 ナノピラーの圧縮変形過程の中心対称パラメータ表示

化過程であり，ひずみ速度がゆっくりで，時間スケールが長いほど生成する確率は増加するため，転位生成の応力（図 3.73 のピーク応力）は下がる．この効果は，転位生成の活性化エネルギーの応力依存性を 4.2（1）項で述べる反応経路解析により調べることで補正可能である．

　実際のマクロサイズの試験片を考える場合は，さらなる考察が必要である．たとえば，マクロサイズの材料には結晶粒界や転位組織や析出物，不純物などの欠陥が多く含まれる．そして，それらの材料組織の挙動が力学的性質を決めるといわれている．一方，系のサイズが小さいナノピラーは，材料組織はほぼ完全結晶と見なせるため，それらの影響が小さいと考えられる．実際の材料を扱う場合は，内部組織の影響の評価が必須となるが，現象が非常に複雑なためまだ明らかになっておらず，現在でも研究が進められている．

# 4章 マルチスケール解析への展開

本章では【演習問題 13】,【演習問題 14】で扱った空間・時間スケールの問題の克服のため,材料分野で近年試みられているアプローチとして,空間スケールの問題を解決する有限要素法 – 分子動力学結合シミュレーションと,時間スケールの問題を解決する反応経路解析および加速分子動力学法の考え方を紹介する.

## 4.1　空間スケールの克服（有限要素法 – 分子動力学結合シミュレーション）

分子動力学は空間スケールが原子間距離のサイズによって制限されるが,連続体力学にもとづく有限要素法はメッシュの大きさが可変なため,幅広い空間スケールに対応可能である.かつ,連続体力学には固有のサイズの概念がないため,連続体近似が成り立つ範囲で原子レベルの解析に用いてもかまわない.したがって,分子動力学と有限要素法を結合させる研究が古くから行われてきた.

分子動力学と有限要素法の結合法の説明の前に,連続体力学と分子動力学の弾性の違いについて考える.

### (1) 弾性変形における連続体力学と分子動力学の違い

分子動力学は原子のスケールを直接的に扱うが,弾性論のような連続体力学は,固有の空間スケールの概念がない.すなわち,どのようなサイズの解析にも可能である.

弾性論では,物質を無限小の仮想的な物質点の集合としてモデリングしているため,物質点に大きさの概念をもち込むのは適切ではない.たとえば,連続体力学の代表的な数値解析手法である有限要素法を電子状態密度を求めるために使うことがあるが,これは電子のサイズを取り扱っているのではなく,電子の分布を有限要素法により離散化して近似することによるモデリングである.

つまり,連続体力学と分子動力学は異なる材料のモデリング手法であり,サイズで区別されるものではない.それでは,両者の本質的な違いは何であろうか.

一つ目は,連続体の物質点は材料内に均質に分布するが,分子動力学の原子は fcc,bcc 構造などの内部構造をもつという点である.内部構造は,原子結合の配位数依存性や角度依存性などの性質によって決まる.したがって,たとえば,原子系に変形を

　　　　　　　　　均質な変位　　　　　　不均質な変位
　　　　　　　　　（a）弾性体　　　　　　（b）原子系

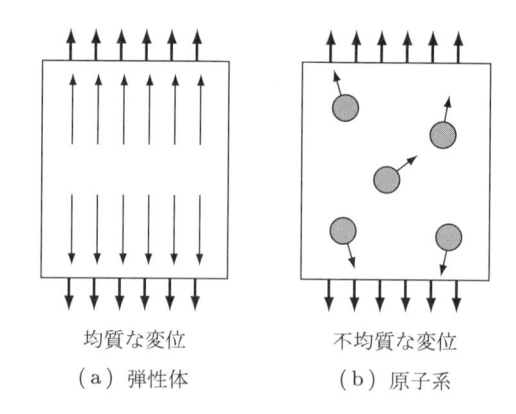

**図 4.1　弾性体と原子系の変形に対する変位（物質点および原子の変位）の違い**

与えた場合，弾性論では，図 4.1 のように変形に応じて物質点は均質に変位する．つまり，変形後の原子座標 $x$ は，変形勾配テンソル $F$ と変形前の原子座標 $x^0$ を使って，式 (4.1) のように表すことができる（1.4（1）項参照）．ここで，$h, h^0$ は変形後と変形前の MD セルの形状マトリックスである．

$$x = Fx^0 \quad \left(F = h\left(h^0\right)^{-1}\right) \tag{4.1}$$

一方，内部構造をもつ原子系は均質には変位せず，それぞれの結合状態に応じて最安定な位置に移動する．この弾性体における均質な変位と実際の原子の変位の差を内部変位とよぶ．内部変位は fcc, bcc 構造では生じないが，ダイヤモンド構造やアモルファス構造，表面・欠陥近傍においてその効果が顕著であり，たとえば，シリコンのせん断方向の弾性定数の半分はこの内部変位によって決まる．

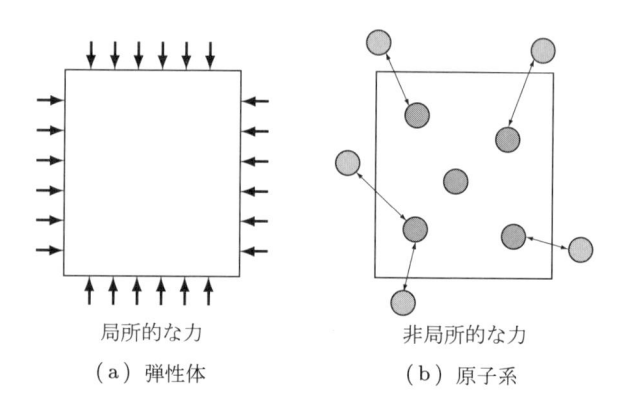

　　　　　　　　　局所的な力　　　　　　非局所的な力
　　　　　　　　　（a）弾性体　　　　　　（b）原子系

**図 4.2　弾性体と原子系の力の作用範囲に関する違い**

## 4.1 空間スケールの克服（有限要素法 – 分子動力学結合シミュレーション）

二つ目は，弾性論では物質点間の力の作用範囲は無限小（局所的）であるが，分子動力学の原子間力は非局所的で，作用範囲をもつという点である．たとえば，図 4.2 のように，ある物体内の仮想的な体積領域を考えた場合，弾性体では仮想的な切断面に面力がはたらいており，内力と釣り合っていると解釈される．つまり，物体のどの部分で切断しても力の作用範囲は局所的である．一方，原子系においてある体積領域を考えた場合，原子間力は仮想的な切断面上にははたらかず，透過してしまう．したがって，体積領域内の原子の釣り合いを保つためには，体積領域の外の原子間力の作用範囲の原子が必要となる．この違いは，有限要素法 – 分子動力学結合手法を考える際に重要となる．

### (2) 有限要素法 – 分子動力学結合シミュレーション[*1]

弾性変形の範囲であるならば，内部変位という挙動を除いて，分子動力学の系も，有限要素法（連続体）の系も同様の振舞いをすることがわかっている．したがって，図 4.3 のように，原子レベルのメッシュを分子動力学と有限要素法の間に設けて，両者を力学的につなぐことが可能である．

図 4.3 は，パッチ法とよばれる結合方法であり，結合部分に原子とメッシュの両方が定義されている遷移領域が設けられている．遷移領域は二つに分けられる．すなわち，分子動力学（領域 I）側の領域 II と，有限要素法（領域 IV）側の領域 III が設けら

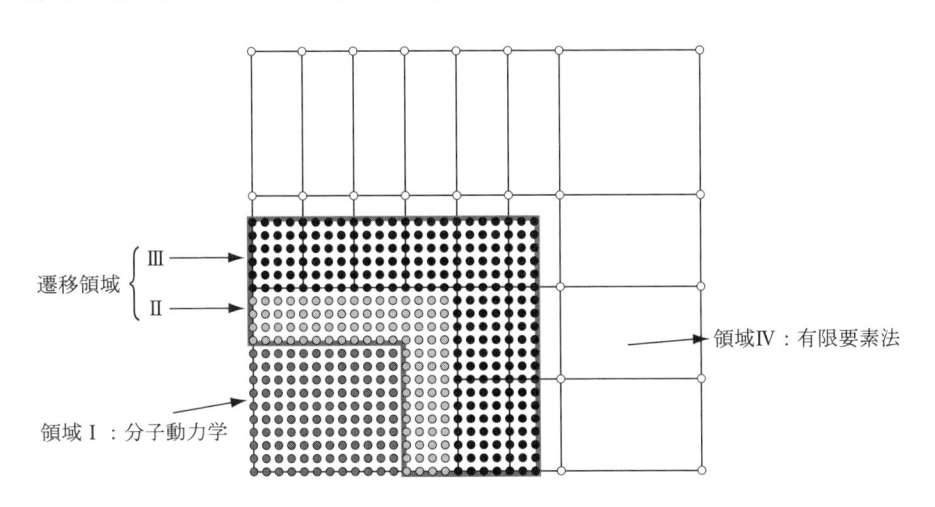

図 4.3　有限要素法 – 分子動力学結合モデル

---

*1　S. Hara, T. Kumagai, S. Izumi, S. Sakai, "Multiscale analysis on the onset of nanoindentation-induced delamination: Effect of high-modulus Ru overlayer", Acta Materialia 57 (2009) 4209–4216.

れ，それぞれの領域では，原子変位と節点変位が1対1の対応関係になっている．分子動力学の領域Ⅰと領域Ⅱは，領域Ⅲを境界条件として計算し，有限要素法の領域ⅢとⅣは，領域Ⅱを境界条件として計算する．両者の計算を交互に繰り返し行い，系のエネルギーが収束した状態が系全体の釣り合い状態となる．

図 4.4(a) に陰的解法の計算のフローチャートを示す．力の釣り合いを十分に満足するために（エネルギーを十分に最小化するために），収束計算をステップごとに行う．変位の受け渡しで分子動力学と有限要素法をつないでいるのは，4.1 (1) 項で述べたように原子間力が非局所力であり，力の受け渡しの方法が難しいためである．

以下に，有限要素法 - 分子動力学結合手法の適用例を示す．図 4.5 は，ナノインデンテーション（ナノレベルの押し込み試験）による $Cu/SiO_2$ 間の剥離強度試験を，分

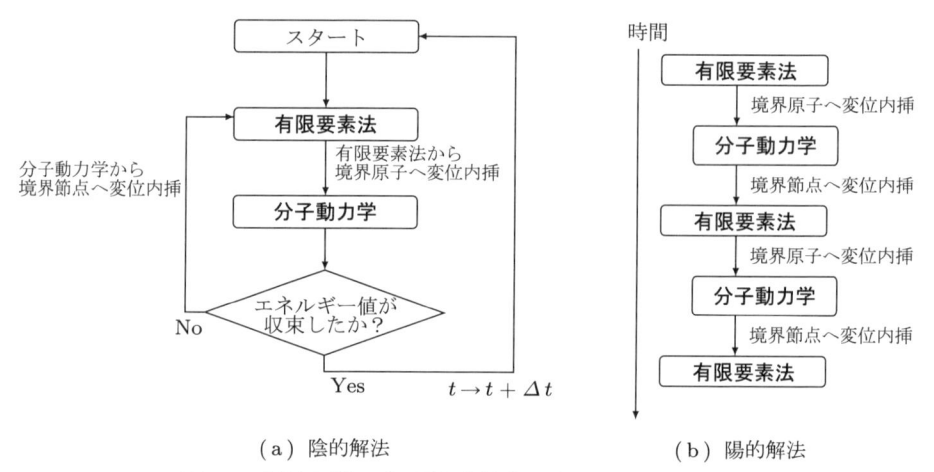

(a) 陰的解法　　　　　(b) 陽的解法

**図 4.4**　有限要素法 - 分子動力学結合モデルのフローチャート

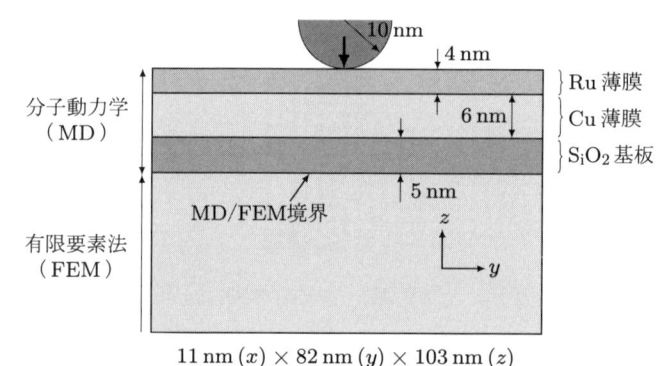

**図 4.5**　ナノインデンテーションの有限要素法 - 分子動力学結合モデル

子動力学によりモデリングした例である．剥離を効率的に起こすために，表面には固い Ru 薄膜が付けられている（Ru がないと，Cu が局所的に塑性変形で陥没し，剥離は起こらないことが実験的にわかっている）．ここで，Cu, Ru は GEAM ポテンシャル，$SiO_2$ は原子位置を固定した単純なモデルポテンシャルでモデル化されている．温度は 0.1 K である．また，ここでは，有限要素法と分子動力学の結合を図 4.4(a) のような収束計算は行わずに，図 4.4(b) のように陽的に結合している．いったん釣り合い条件に達すれば，陽的に解いても計算結果はほとんど変わらない．

このような系に対して，分子動力学だけで狭い領域をモデリングすると，インデン

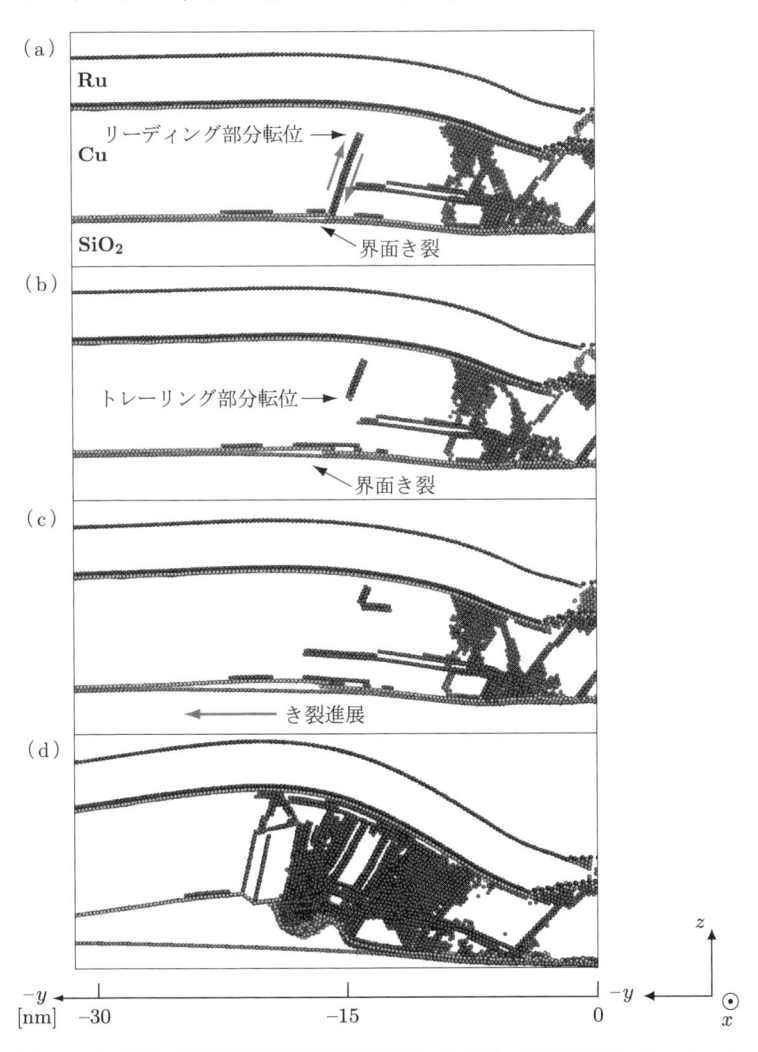

図 4.6　$Cu/SiO_2$ 間の剥離過程の有限要素法 - 分子動力学結合シミュレーション

テーション下部の弾性変形が十分に起こらず，局所的な Ru, Cu の塑性変形が起こり，剥離は起こらない．そこで，下部を有限要素法でモデリングし，十分大きな領域をモデル化する．このようなモデリングにより，図 4.6 のように，$Cu/SiO_2$ 界面での剥離現象を再現することができる．図 4.6(a) では，$Cu/SiO_2$ 界面から転位が生成され，図 4.6(b) のように，き裂の起点を生成する．その後，図 4.6(c),(d) のように，き裂が界面に沿って進展し，剥離が生じている．

## 4.2　時間スケールの克服（反応経路解析，加速分子動力学法）

多くの物理現象は熱活性化過程であり，あるエネルギー障壁を熱エネルギーのアシストで乗り越えることにより現象が進んでいく．図 4.7 は，空孔の拡散過程のエネルギー状態を示している．空孔の移動は，エネルギーが高い鞍点（サドルポイント）を乗り越えることによって起こる．このエネルギーの高さ $\Delta E$ を，エネルギー障壁または活性化エネルギーとよぶ．

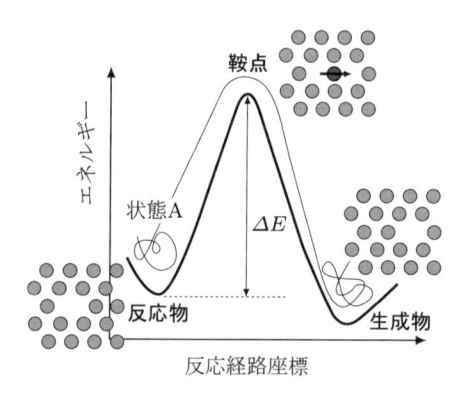

**図 4.7　空孔の拡散過程のエネルギー状態**

拡散などの現象が起こる頻度（速度）$R$[*2]は，式 (4.2) のように表すことができる．ここで，$\nu$ は頻度因子，$k_B$ はボルツマン定数である．

$$R = \nu \exp\left(-\frac{\Delta E}{k_B T}\right) \quad (4.2)$$

エネルギー障壁が高い場合，障壁を乗り越える確率は低く，数千，数万振動周期の時間が必要となる．図 4.7 に，空孔の拡散のエネルギー状態の模式図を示す．$\Delta E$ が高いと，拡散前の状態 A のまわりで単純に熱振動をしている時間が非常に長く，ごく

---

[*2] $R$ と拡散係数 $D$ の間には，$R = 6D/\delta^2$ の関係が成り立つ．$\delta$ は空孔のジャンプする距離である．

まれにエネルギー障壁を乗り越えることになる．

このような現象を再現するのに，分子動力学は効率的ではない．なぜなら，拡散が起こる前の熱振動状態が計算時間のほとんどを占めてしまうからである．エネルギー障壁が低ければ（< 0.5 eV 程度），十分な計算時間をかければ計算可能であるが，エネルギー障壁が高くなると現実的な計算時間では現象は起こらなくなり，分子動力学の適用が事実上不可能になってしまう．

これを解決するために，さまざまな手法が提案されてきた．もっとも単純には，熱振動のエネルギーを大きくする，すなわち温度を上げて現象を加速する方法がある．しかし，この方法は，融点以上には温度を上げることができないという制限と，温度を上げるとまったく異なる現象（相転移など）が起こる可能性があり，効果は限定的である．

そこで，近年は二つのアプローチが取られている．一つは，静的解析により熱活性化過程の反応経路を求める手法で，反応経路解析とよばれる．もう一つは，計算において起こしたい現象を加速させる加速分子動力学法である．

### (1) 反応経路解析

反応経路解析では，ある原子系の状態を原子座標の $3N$ 次元の状態空間上の一つの点と考え，反応（拡散）前の状態の点と反応（拡散）後の状態の点の間にいくつかの中間状態（レプリカとよぶ）を設定して，図 4.8(a) のように，仮想的な弾性バネで結合する．弾性バネで結合することにより，各状態の点は一定の距離を保ちながら反応経路上に配置されることになる．ただし，初期に設定した配置が最小エネルギー反応経路を表しているわけではないので，図 4.8(b) のように反応経路と垂直なバネ力を最小化するようにバネを少しずつずらすことによって，もっともエネルギーが低い経路を探索する．このような手法はナッチド・エラスティックバンド法（nudged elastic band 法：NEB 法）とよばれ，材料系の反応経路解析においては標準的に用いられている．

実際の計算においてはレプリカの設定が大きな課題となり，現象に合わせてさまざまな手法が提案されている．このレプリカの設定手法と NEB 法（およびその改良）を合わせて反応経路解析とよぶ．

この反応経路解析の例を示す[*3]．図 4.9 は，単結晶 Ni の表面にあるステップ（段差）のモデルである．ポテンシャルは GEAM ポテンシャルを使っている．ステップは応力集中源となり，図中の方向に応力が負荷されると，転位ループが生成される．本現象を

---

[*3] S. Hara, S. Izumi, and S. Sakai, J. Appl. Phys., 106 (2009) 093507.

(a)

(b)

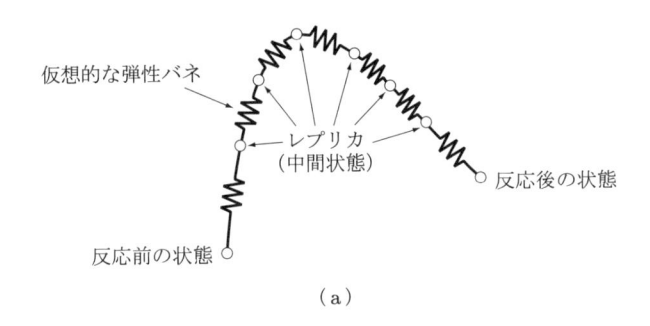

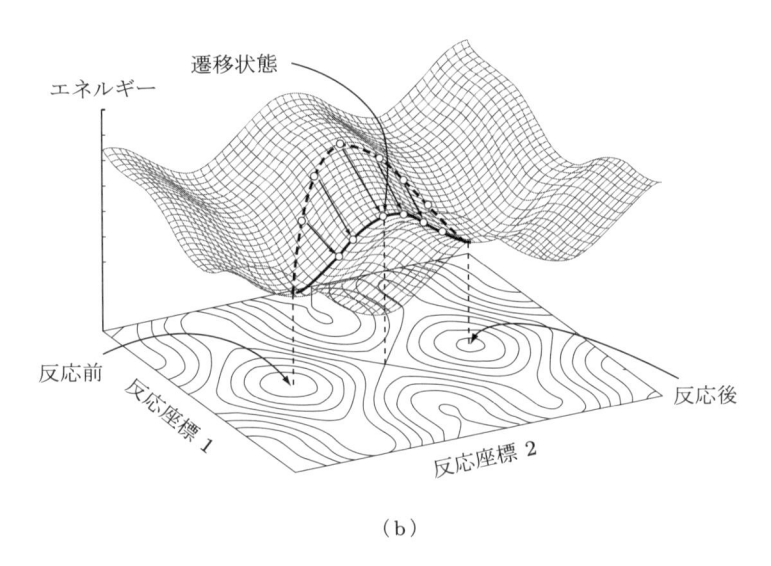

図 4.8　反応経路解析の模式図

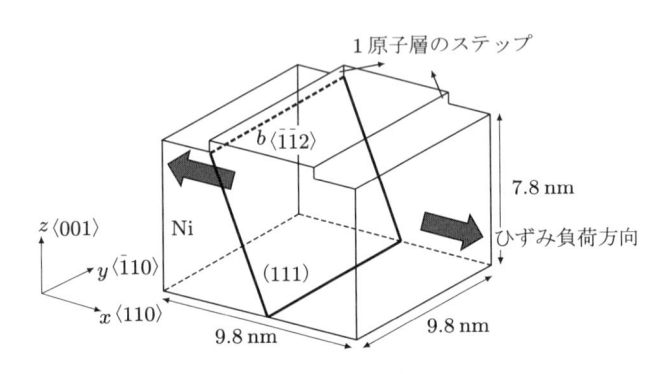

図 4.9　Ni の表面ステップモデル

分子動力学で計算すると，4.73%のひずみを負荷した時点で，半円形の転位ループではなく，図 4.10 のような直線状の転位が生成される．これは転位論的には正しくない．

本来，転位生成現象は熱活性化過程であり，実際には分子動力学の時間スケールで現象が起こらない，より低応力域で転位が生成される．本モデルに対して反応経路解析を実施すると，4.73%より小さいひずみで図 4.11 のような反応経路が得られ，鞍点で

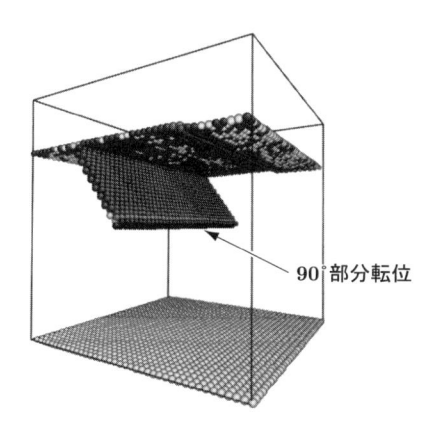

図 4.10 分子動力学による Ni の表面ステップからの転位生成

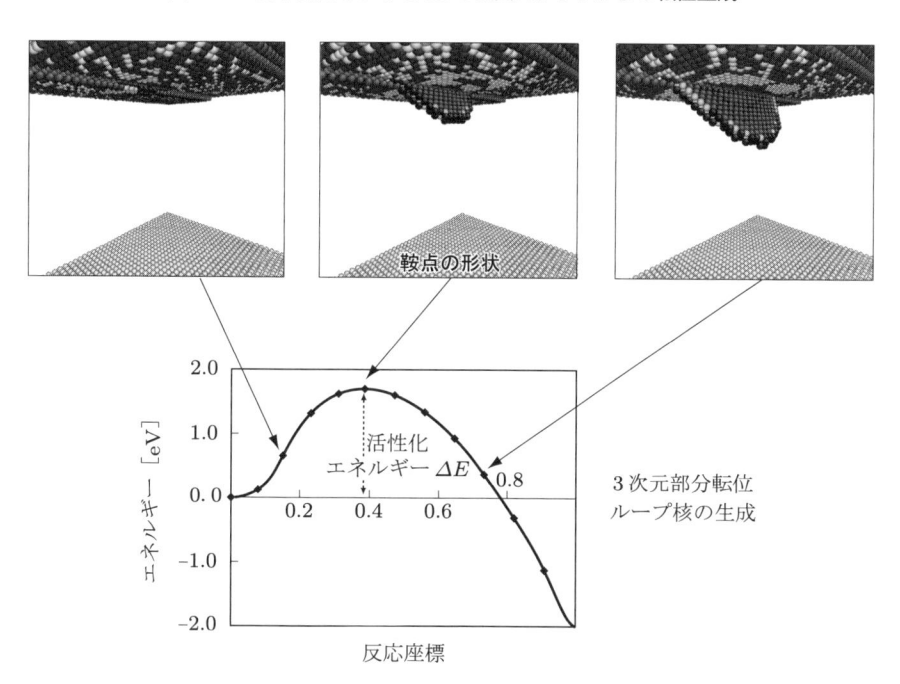

図 4.11 表面ステップからの転位生成の反応経路解析

転位がループ状になっていることがわかる．負荷ひずみを変えて，活性化エネルギーの応力依存性を調べたものを図 4.12 に示す．分子動力学によって転位が生成された 4.73%のひずみは，活性化エネルギーがゼロになるひずみ（athermal strain）に相当する．ひずみが 3.5%における活性化エネルギーは 0.5 eV 程度であり，分子動力学の時間スケール（～ns）では転位生成は起こらないが，通常の時間スケール（～s）では，転位がループ状に生成すると考えられる．

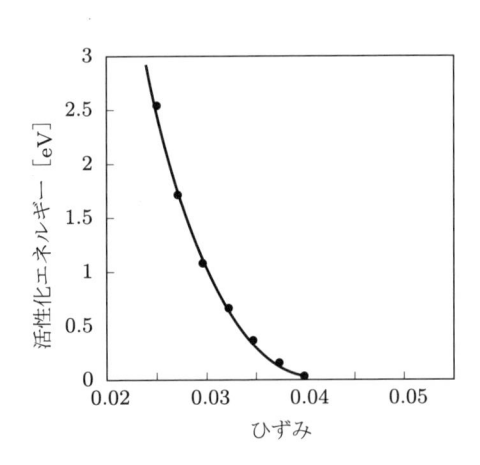

図 4.12 表面ステップからの転位生成の活性化エネルギーのひずみ依存性

本例は，分子動力学だけでは現象を見誤る例の一つである．反応経路解析は，分子動力学の時間スケールでは起こらない現象を推測する有効なツールであり，【演習問題 14】で扱ったナノピラーの強度のひずみ速度の補正を行うことができる．

## (2) 加速分子動力学法

反応経路解析では活性化エネルギー $\Delta E$ は求められるが，式 (4.2) の頻度因子 $\nu$ を求めることはできないため，実際にどの程度の頻度で拡散などの現象が起こるかはわからない．すなわち，現象の起こる頻度 $R$ を求めることはできない．

一方，分子動力学の計算では，活性化エネルギーが低い場合に限られるが，現象が実際に起こるので $R$ を求めることができる．また，$R$ の温度依存性のデータの傾きから，式 (4.2) を使って活性化エネルギー $\Delta E$ も求めることができる．しかし，$\Delta E$ が高い場合は，分子動力学では現象がまったく起こらないという問題が生じる．そこで，分子動力学を加速するためのさまざまな手法が提案されてきた．フォルターが提案したハイパーダイナミクス法は，式 (4.3) のように原子間ポテンシャル関数 $V$ に何らか

のブーストポテンシャル $\Delta V(s)$ を追加して，現象を速やかに起こすことを目的としている．ここで，$s$ は何らかの原子構造の幾何学的パラメータである．

$$V_b = V + \Delta V(s) \tag{4.3}$$

すなわち，図 4.13 のように系のポテンシャルエネルギー曲面を概念的に描画すると，$\Delta E$ が高い状態では，深いエネルギー曲面の底に系がトラップされている．そこで，エネルギー曲面の底の部分にブーストポテンシャル $\Delta V(s)$ を追加して，系の状態を深い底から追い出すことを考える．このブーストポテンシャルは任意に設定可能であり，通常は，何らかの原子構造の幾何学的パラメータ $s$ を用いることが多い．たとえば，結合長さが平衡結合長を保たなくするようなバイアスをかけることで，拡散などの原子結合を切る現象を加速することができる．これをボンドブースト法とよぶ．

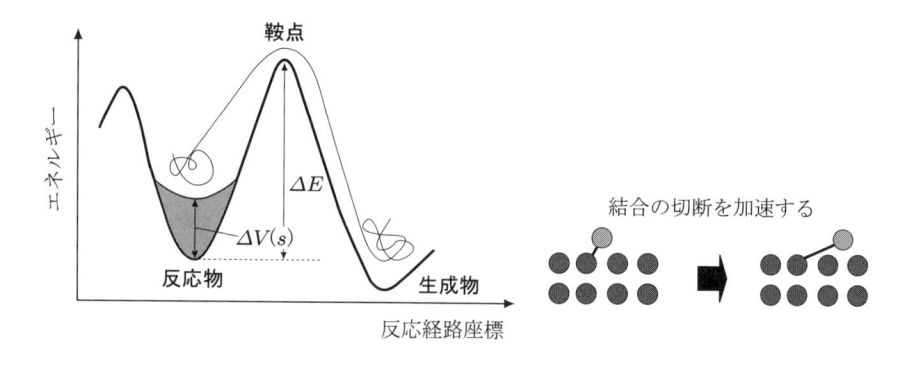

**図 4.13** ボンドブースト法による加速分子動力学

ただし，ブーストポテンシャルが乗り越える先の状態への経路の鞍点にかかってしまうと，起こる現象の反応経路と活性化エネルギーを変えてしまうことになるので，その範囲に配慮が必要となる．

具体的には，ボンドブースト法の $\Delta V$ は以下のような関数になる．

$$\Delta V = A\left(\varepsilon_{\max}\right) \sum_{i=1}^{N_b} \delta V\left(\varepsilon_i\right), \qquad \varepsilon_i = \frac{r_i - r_{\mathrm{eq}}}{r_{\mathrm{eq}}}, \qquad \varepsilon_{\max} = \max\{\varepsilon_i\} \tag{4.4}$$

ここで，$\varepsilon_i$ は $i$ 番目の結合の平衡結合長 $r_{\mathrm{eq}}$ からのひずみであり，$N_b$ は結合の数である．$\delta V$ にはガウス関数のような分布関数を使う．$A$ はブーストポテンシャルが鞍点にかからないために設定されるシャットダウン関数であり，$\varepsilon_{\max} > q_c$（設定値）で

$A = 0$ となる.

ブーストポテンシャルが設定できたら,式 (4.3) のポテンシャルを使い,分子動力学計算を行う.ポテンシャルがかさ上げされている分だけ,早く現象が起こる.すなわち,これは本来ならば,ポテンシャルの井戸の底の部分に滞在する時間をスキップしていることに相当する.計算上は,式 (4.5) のように,現在の状態にかさ上げされている $\Delta V$ を使って,1MD ステップの分子動力学の時間刻み $\Delta t_{\text{MD}}$ が,$\Delta t_{\text{boost}}$ に相当すると解釈する.つまり,時間を強制的に進める作業を MD ステップごとに行う.

$$\Delta t_{\text{boost}} = \Delta t_{\text{MD}} \, e^{\Delta V / k_B T} \tag{4.5}$$

図 4.14 は,Cu 中の空孔の拡散頻度の温度依存性を表す.活性化エネルギーが $0.5\,\text{eV}$ 程度と小さいため,温度が高い場合は分子動力学による計算が可能であり,その結果を●で示している.一方,加速分子動力学の結果を□で示している.加速分子動力学は,低温でも計算可能である.また,高温では分子動力学と同じ結果が得られていることがわかる.

加速分子動力学ではハイパーダイナミクス法のほか,メタダイナミクス法などのいくつかの手法が提案され,それぞれ発展している.

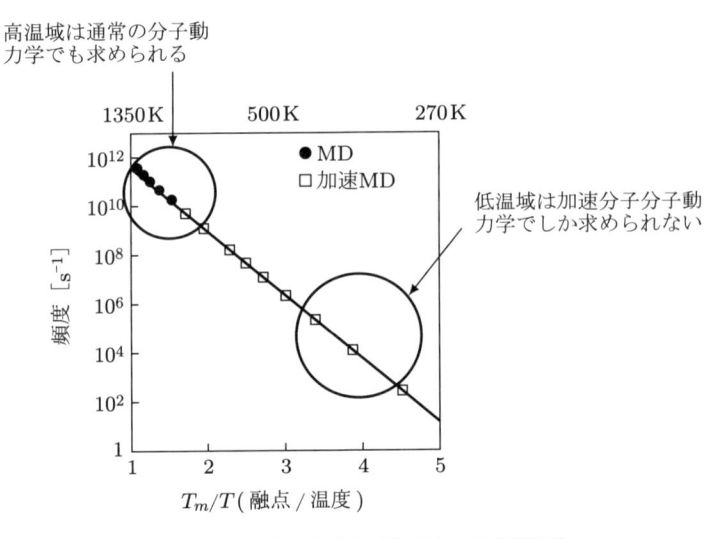

**図 4.14** Cu 中の空孔の拡散頻度の温度依存性

# 参考図書

[1] 初心者のための分子動力学法，北川 浩，北村隆行，澁谷陽二，中谷彰宏，養賢堂 (1997).
[2] 原子/分子・離散粒子のシミュレーション：計算力学ハンドブック III，日本機械学会編 (2009).

# 分子動力学のフリーソフトの紹介

[1] LAMMPS (large-scale atomic/molecular massively parallel simulator)
http://lammps.sandia.gov/
アメリカの SANDIA 国立研究所が中心になって開発を進めるオープンソース（GPL）の古典的分子動力学法パッケージ．さまざまなポテンシャルが搭載されている．オープンソースなので機能の拡張が可能．本書の演習問題は LAMMPS でも計算可能である．

[2] GULP　http://gulp.curtin.edu.au/gulp/
材料の構造最適化計算，物性計算，分子動力学計算が可能．有機分子用のポテンシャルのほか，金属，酸化物，鉱物，半導体用のさまざまなポテンシャルが使用できる．

[3] GROMOS (groningen molecular simulation)　http://www.gromos.net/
生体分子のシミュレーションのためのソフト．1978 年にオランダの Groningen 大学で開発され，現在はスイスの ETH で開発されている．

※フリーソフトではないが，教育機関には安価に提供されているソフトウェア
[4] AMBER (assisted model building with energy refinement)
カリフォルニア大学の Peter Kollman らによって開発され，タンパク質の構造解析など生体分子系の分子シミュレーションに用いられている．AMBER 力場（ポテンシャル）が搭載されている．

※分子動力学の結果表示用フリーソフト
[5] Atomeye　http://li.mit.edu/Archive/Graphics/A/
MIT の Ju Li によって開発された分子動力学の可視化プログラム．多くの原子を扱う固体系の表示に向いている．転位の可視化が可能．

[6] Rasmol　http://openrasmol.org/
分子可視化ツール．立体構造データが表示できる．古くから使われている．

# 索　引

## 【英数】

2 次モーメント近似　40
2 体相関関数　24
$\alpha$ 鉄　102, 108
ASME V&V　118
Atomeye　68
BKS ポテンシャル　51
EAM ポテンシャル　44
EBOP　41
fluctuation formula　27
FS ポテンシャル　46, 108, 111
GEAM ポテンシャル　49, 80, 98, 102, 112, 119
kPot　58
MD ステップ　11
MD セル　4
MEAM ポテンシャル　45
msd　24
N$\sigma$H　18
N$\sigma$T　18
NEB 法　133
NEV　18, 78
NPH　18
NTP　18, 80
NTV　18, 78
QEq 法　52
ReaxFF　55
RGL ポテンシャル　122
SCIGRESS ME　63
SW ポテンシャル　37

## 【あ行】

アイランド　120
アインシュタインの式　24
アベルポテンシャル　39
アモルファス $SiO_2$　59
アモルファス/結晶界面　93
アモルファスシリコン　92
アンサンブル平均　24
アンダーセン法　18
鞍点　132
アンバーフォースフィールド　54
イオンポテンシャル　51
遺伝的アルゴリズム　58
埋め込み関数　44
埋め込み原子法　44
運動エネルギー　14
エネルギー障壁　132
エワルド法　52
応力　17
応力－ひずみ関係　27
温度　13

## 【か行】

界面エネルギー　31, 114
拡散係数　24
加速分子動力学法　136
活性化エネルギー　132
カットオフ距離　4, 8, 69
カノニカルアンサンブル　18
可変電荷ポテンシャル　52
カーボンナノチューブ　115
緩和計算　73
ギア法　12, 76
凝集エネルギー　8, 111
き裂　21, 132
空間スケール　118
空孔形成エネルギー　30
グリーン－久保の公式　27
グリーン－ラグランジュひずみ　16, 109
クーロン相互作用　51

経験的ボンドオーダーポテンシャル　41
形状マトリックス　14
結合角偏差　24
結晶シリコン　92
結晶成長　119
原子応力　17
原子温度　13
原子間ポテンシャル関数　3
工学ひずみ　17, 109
構造解析　23
構造緩和　92
固液2相　83
固相成長　92

【さ行】

差分法　11
時間刻み　11
時間スケール　118
自己拡散係数　24, 82, 102
自己格子‐間原子　102
斜方セル　14
初期状態　70
ジョンソンポテンシャル　35, 111
スティリンジャー‐ウェーバーポテンシャル　37
セルサイズ　69
全エネルギー　14
潜熱　88
線膨張係数　22, 96
速度スケーリング法　18
塑性変形　122

【た行】

台帳　9, 75
ターソフポテンシャル　39, 82, 99, 115
多体クラスターポテンシャル　37
弾性定数　108
中距離の秩序　101
中心対称パラメータ表示　124
定積モル比熱　22, 98
デュロン‐プティの法則　22, 99
転位　124
転位動力学　119

転位ループ　21
電荷平衡法　52
等圧アンサンブル　18
等圧・等温アンサンブル　18
等応力アンサンブル　18
等応力・等温アンサンブル　18
動径分布関数　23, 99

【な行】

内部エネルギー　14
内部変位　128
ナッチド・エラスティックバンド法　133
ナノピラー　122
二面角　37
能勢‐フーバーの方法　18

【は行】

配位数　24
背景電子密度　44
ハイパーダイナミクス法　136
剥離　132
パッチ法　129
パリネロ‐ラーマン法　18, 109
バルク　4
反応経路解析　133
ひずみ　15
比熱　22, 98
表面エネルギー　30, 112
表面拡散　121
ファンデルワールス力　33
ブーストポテンシャル　137
ブックキーピング法　9, 75
物質点　127
部分電子密度　44
ブレーナーポテンシャル　43, 115
平均2乗変位　24, 102
平衡原子間距離　21, 96
ベルレー法　12
変形勾配テンソル　16, 128
ポテンシャルエネルギー　14
ボルツマン分布　5
ボンドブースト法　137

## 【ま行】

マルチスケール　119
マルチタイムステップ法　13
マルチフィジックス　119
ミクロカノニカルアンサンブル　18
ミシンポテンシャル　45
メタダイナミクス法　138
メルトクエンチ法　99
モースポテンシャル　34, 71
モンテカルロ法　119

## 【や行】

有限要素法　119
有限要素法-分子動力学結合シミュレーション　129
融点　82
輸送係数　24
ゆらぎ公式　27

## 【ら行】

レナードジョーンズポテンシャル　5, 33, 69
連続体力学　127
六員環　117

## 著者略歴

**泉　聡志（いずみ・さとし）**
1994 年　東京大学大学院工学系研究科機械情報工学専攻修士課程修了
1994 年　株式会社東芝　研究開発センター入社
1999 年　東京大学大学院工学系研究科機械工学専攻助手（工学博士）
2002 年　東京大学大学院工学系研究科機械工学専攻講師
2005 年　東京大学大学院工学系研究科機械工学専攻助教授（准教授）
2014 年　東京大学大学院工学系研究科機械工学専攻教授
　　　　　現在に至る

**増田　裕寿（ますだ・ゆうじ）**
1993 年　京都大学大学院理学研究科化学専攻修士課程修了
1993 年　富士通株式会社入社
　　　　　現在に至る

編集担当　藤原祐介（森北出版）
編集責任　石田昇司（森北出版）
組　　版　ウルス
印　　刷　エーヴィスシステムズ
製　　本　協栄製本

機械・材料設計に生かす
実践 分子動力学シミュレーション　Ⓒ 泉　聡志・増田裕寿　2013

2013 年 11 月 5 日　第 1 版第 1 刷発行　　【本書の無断転載を禁ず】
2022 年 4 月 7 日　第 1 版第 3 刷発行

著　　者　泉　聡志・増田裕寿
発 行 者　森北博巳
発 行 所　森北出版株式会社
　　　　　東京都千代田区富士見 1-4-11（〒102-0071）
　　　　　電話 03-3265-8341 ／ FAX 03-3264-8709
　　　　　https://www.morikita.co.jp/
　　　　　日本書籍出版協会・自然科学書協会　会員
　　　　　JCOPY ＜（一社）出版者著作権管理機構　委託出版物＞

落丁・乱丁本はお取替えいたします.
Printed in Japan／ISBN978-4-627-92161-0

# 図書案内　森北出版

## 理論と実務がつながる
## 実践有限要素法シミュレーション
汎用コードで正しい結果を得るための実践的知識

泉聡志・酒井信介／著

菊判・196頁
3200円+税
ISBN978-4-627-92061-3

有限要素法解析の様々な実践的ノウハウを理論と結びつけながら丁寧に解説．東京大学の講義で長年使用された実践的な例題・演習を精選し，それらはすべて無料で使えるソフトでシミュレーション演習ができる(専用のサポートサイトからダウンロード可能)．

■理論編
第1章　有限要素法の基礎知識
第2章　有限要素法の原理(トラス要素)
第3章　有限要素法の原理(ソリッド要素)
■実践編
第4章　有限要素法の実践的知識
第5章　有限要素法の演習問題
付録A　有限要素法のための応力の基礎
付録B　有限要素法のための破壊力学の基礎

ホームページからもご注文できます
http://www.morikita.co.jp/

# MEMO